KB072924

NCS 건축목공

목조주택
시공가이드

NCS
건축목공

목조주택 시공가이드

목수반장 출신, 30년 시공 경력의
건축학 교수가 건축 계획에서 완공까지
체계적인 이론과 실무를 바탕으로 한 셀프시공 지침서

배영수 지음

좋은땅

머리글

국가기술자격시험을 준비 중인 수험생과 자기 집을 짓기 위한 예비건축주 그리고 기존 시공현장에 근무하는 기술인과 입문자가 동시에 볼 수 있는 책으로 『알기 쉬운 목조주택 시공가이드』의 개정판을 내게 되었다. 경제적 풍요와 함께 주거 문화가 건강을 중요시하는 친환경 소재인 목조주택을 선호하므로 전원주택은 목조주택이 대세를 이루는 가운데 현재 목조주택 및 스틸하우징 시공자들의 시공현장을 직접 살펴 보게 되었다. 목구조나 철구조물은 잘 알고 시공하나 철근콘크리트는 전혀 지식이 없어 기초부부터 부실공사가 주를 이루고 있어 이를 바로 잡고자 글을 쓰게 되었다.

어떤 구조형태의 건축물도 기초구조는 철근콘크리트이며 철근콘크리트를 모르고 집을 짓게 되면 기초의 부동침하 또는 균열이 발생하게 된다. 기초 구조물의 부실로 상부구조물의 유격이 생기고 그 유격으로 인해 누수와 집 내부의 곰팡이와 함께 건강을 해치고 건축물의 수명 또한 현저하게 짧아지게 된다. 심지어 기초 터파기 후 흙바닥 위에 철근을 배근하는 업체 흙바닥 위에 다공질인 벽돌을 놓고 그 위에 철근을 배근하는 업체도 있다. 이와 같이 하면 콘크리트 내부에 수분이 침투되어 철근이 부식하게 되면 철근의 체적이 2.6배 늘어나 콘크리트의 균열로 이어진다. 이러한 폐단을 잡아야 한다. 또한 국내에 건축설계가 미터법으로 설계되고 건축자재 재료상에 판매되는 모든 재료가 미터법 단위로 판매가 되고 있다. 그럼에도 불구하고 일부 교육용 교재나 국내 목조주택 도서들은 인치나 피트 단위로 되어 있는 것은 학자나 책의 저자들은 자신의 주택도 짓지 못해 목수를 불러 짓고 있으며, 책은 쓸 수 있어도 목조주택 시공실무에는 문외한인 사람들이 쓴 책이라는 것이다.

심지어 교육기관에서 배포하는 건축목공과정의 책이 12권으로 되어 있으나 내용은 폐지되고 없는 건설기술관리법 또는 피트 단위를 적용한 책으로 수료 후 학생들이 폐기물장에 버리고 가는 비현실적인 상황이 연출되고 있다.

이와 같은 상황을 보며 한 권의 책으로 참고서나 지침서 역할을 하며 말 없는 교사 역할을 할 수 있는 책을 만들어 사회에 도움을 주고자 하며 필자가 1978년부터 평생을 일해 온 건축현장의 지식과 경험을 후진들에게 도움이 되도록 사회에 반환하는 차원에서 쓴 책이다.

어떤 사람이 쓴 책을 보니 $\frac{3}{8}$인치, 3$\frac{6}{16}$인치 등 수치들이 나오는 책도 있는데 국내 건축목공들이 사용하고 있는 인치로 된 줄자도 이러한 눈금은 없는 것임을 알아야 한다. 또한 대한민국 건축법에 근거한 건축물이어야 하는데, 북미국가 건축법 기준에 적용하면 준공을 받을 수 없는 불법 건축물이 될 수도 있다.

목수반장 출신으로 30년 시공 경력의 건축학 교수가 건축 계획에서 완공까지 체계적인 이론과 실무를 바탕으로 셀프시공 지침서로 관계법규, 규준틀 설치, 공구 사용법, 토공사, 기초공사, 구조체공사, 지붕공사, 외부공사, 내부 인테리어공사, 데크공사를 재료의 종류에서부터 시공까지 특별 제본된 책자로 실전적인 교육을 하는 데 목적이 있다. 철근콘크리트를 모르는 시공자는 있어서도 안 되며 설계만 내진 설계한다고 내진 성능이 있는 것이 아니라 일을 제대로 해야 내진 성능이 있다.

관공서 건축물은 균열이나 누수 문제를 골머리를 앓는 건물은 드물지만 민간 건물은 지은 지 10년만 되면 누수와 콘크리트의 부분박락 현상으로 녹슨 철근이 노출되는 것은 철근콘크리트에 문외한 시공자에게 건축물 시공을 맡기는 예비건축주들의 건축물에 대한 지식 부족에서 오는 것이다.

이 책이 나오기까지 도움을 주신 모든 분들과 독자 여러분들에게 이 자리를 빌어 진심으로 감사드립니다.

– 저자 배영수

목차

제3편 건축목공 현장안전(가설공사)

제4편 건축공사(건축목공) 시공계획

제5편 시공 준비

제6편 가설공사

제7편 토공사

제8편 지정공사

제9편 기초공사

제10편 철근콘크리트구조(Reinforced Concrete)

제11편 경량목구조

제12편 목공 인테리어

제1편 건축시공 일반사항

1 전원주택 부지 선정 조건

가. 지형적 조건

일반적으로 건물이 들어서는 대지가 건축물이 위치하는 뒤쪽에 언덕이나 옹벽이 있는 경우 건축물과의 충분한 이격거리가 필요하며 진입로와 정원보다는 건축물이 앉는 위치가 높은 곳이 좋고 적당한 거리에 저수지 호수 계곡 등이 있으면 좋으나 너무 가까이 있으면 습기 및 자연재해로부터 자유로울 수 없으니 주의해야 한다. 때로는 물소리가 소음이 될 수도 있다.

나. 환경적 조건

주택이 위치할 사회적 환경은 자동차로 10분 이내 거리에 병원, 관공서, 상가 등 편의시설이 있는 곳이 좋으며 대중교통 이용이 편리함과 주변에 혐오시설이나 오수시설이 없는지 검토하는 것도 잊지 말아야 한다.

다. 행정적 조건

부지에 대한 행정적 법적 규제사항을 세밀히 검토하고 개발제한구역, 지하수 보전지역 등 검토 대상이며 주변지역의 치안상태 등도 검토할 필요가 있다.

라. 사회적 조건

주변 주민들의 성향도 마을 이장을 통해 알아야 한다. 이웃 주민들과 소통이 없이는 생활할 수가 없으므로 주민들의 일원이 될 수 있는지도 검토해야 한다. 간혹 이웃과의 불화로 귀촌했다가 도시로 복귀하는 경우도 허다하다. 또한 주변의 개발계획 및 투자가치가 있는지도 판단할 필요가 있다.

마. 토지 매입 시 주의 사항

토지를 구입하고 건축을 하려면 먼저 알아봐야 할 것이 대지와 도로와의 관계이다. 특히 비도시지역 즉 농촌지역에 토지를 매입할 때는 많은 것을 체크하여 실수 없는 토지 매매를 해야 한다. 작은 농로가 만들어져 있다고 하여 정확히 알아보지도 않고 매수한다면 그것이 후일 화근이 될 수 있다. 그 농로가 개인 땅으로 만들어져 있을 수도 있기 때문이다.
지적도상에 나타난 번듯한 도로를 끼고 있으면 문제될 필요가 없겠지만 현황도로나 좁은 연결도로는 사도가 많기 때문에 주의를 해야 하는 부분이다.

바. 도로

도로에는 법정 도로와 법정화 도로로 구분하고 있고. 법정 도로는 국토법에서 말하는 도로법, 사도법, 기타 관계법령에 의하여 신설 또는 변경 고시된 도로이다. 즉 도로의 종류에 나오는 고속도로, 국도, 지방도 등을 말하고 법정화 도로는 건축 허가 또는 신고 시 시도지사 또는 시장, 군수 구청장이 위치를 지정 공고한 도로를 말한다. 여기서 중요한 것은 우리가 건축을 하고자 할 때 어떤 도로에 접하고 있느냐가 대단히 중요하다. 건축을 하는 지역의 대지가 도시지역이라면 법정도로와 법정화 도로를 접해야 건축 허가를 받을 수가 있고. 즉 지적도상에 나타나 있는 지목이 도로로 되어 있는 도로를 끼고 있어야 된다는 뜻이다.

1) 현황도로

비도시 지역의 관리지역, 농림지역, 자연환경보전지역의 면지역이라면 현황도로도 건축 허가가 가능하다. 지적도에 표기된 현황도로는 시골에 상당히 많이 있으며 그래서 매입하고자 하는 땅이나 건축하고자 하는 대지가 비도시지역 즉 시골의 면지역인지 도시지역인지 꼭 확인하고 토지를 매입하여 건축계획을 세울 때 주위 환경을 정확히 체크하여야 될 것이다. 실지로 시골스럽지만 도시지역으로 구분되어 있는 대지도 많이 볼 수 있다.

* 하천 제방 위의 포장된 도로는 도로가 아님을 유의해야 한다.

2) 도로와 대지의 관계

건축을 하려면 건축 대지에 2m 이상은 도로에 접해 있어야 하고 막다른 도로가 10m 미만이면 도로 연접하는 면이 2m 이상, 10m 이상 35m 미만이면 3m 이상 접해야 한다. 막다른 도로가 35m 이상이면 도시지역은 6m, 비도시 지역은 4m 이상 접해야만 건축 허가를 받을 수가 있다. 4필지 이상 단지를 개발시는 면지역이라도 6m 이상 도로를 확보해야 한다.

<건축법 제2조 1항 11호>

건축법상 대지와 도로와의 관계만 확보되면 건축허가를 받을 수 있지만 구거 또한 필수적으로 있어야 한다. 구거가 없으면 생활 하수 처리가 불가능하기 때문이다.

도로에 대하여 공부를 하려면 상당히 많은 부분을 이해해야 한다.

<건축법 제44조 제1항>

연면적 2,000㎡ 이상 건축물과 연면적 3,000㎡ 이상 공장이나 축사는 6m 이상 도로에 4m 이상 접해야 한다.

자세한 사항은 시, 구, 군 사무실이나 건축사 사무실에 문의를 해야 한다.

<사도법 제2조 및 제4조>
맹지나 폭이 좁은 도로에 접한 대지를 개발하거나 건축하고자 농로나 임도를 전용하여 개발할 때, 현황도로가 규모에 미달하여 도로로 인정받지 못할 경우에 별도로 사도 개설허가를 받는다면 개발을 할 수가 있다.

3) 대지와 구거와의 관계

시골 대지에 대하여 도로와 구거, 하천 점용허가 부분은 대지와 도로가 연결되거나 접하지 않고 대지 옆으로 구거나 하천을 건너서 도로와 연결되는 경우의 대지가 종종 있다. 다리를 만들거나 복개하지 않으면 도로와 연결될 수가 없으므로 이런 경우 대지와 연결 진입도로를 만들려면 관청으로부터 점용허가를 받으면 된다.

* 구거: 용수 또는 배수를 위하여 일정한 형태를 갖춘 인공적인 폭 5m 미만의 수로 둑 및 그 부속시설물의 부지와 자연의 유수가 있거나 있을 것으로 예상되는 수로의 부지를 말한다.

4) 구거의 종류

구거가 농업 기반 시설로 등록되어 있는 경우에는 농어촌정비법에 따라 농업 기반 시설의 폐지 신청을 하여 사용 가능 여부를 타진해 보면 된다.

농수로인 구거는 농어촌정비법상 농업 기반 시설로써 목적 외 사용허가를 받아야 한다. 구거가 국유지인 농수로인 경우에도 또한 농업 기반 시설의 목적 외 사용허가를 받아야 하고 구거가 농지로 사용하고 있으면 농지법상 농지에 해당하므로 타 용도 즉 도로로 사용하고자 할 경우 농지 전용허가나 농업 기반 시설의 목적 외 사용승인을 받으면 된다.

구거가 농업용이 아닌 국토부 소유의 일반 구거라면 공유수면 점용허가를 받아야 하고 구거가 아닌 하천법상의 하천이나 소하천법상의 소하천으로 등록되어 있는 경우에는 관련 법에 의하여 하천 점용허가를 받아 사용해야 한다.

5) 구거점용허가

대지가 맹지이나 구거와 접해 있다면 점용허가를 받아 도로로 사용 가능하다. 구거는 농업용과 비농업용으로 나누고 농업용이면 한국농어촌공사에서 구거점용허가를 받고 비농업

용이면 지자체에서 공유수면 관리 및 매립에 관한 법에 의해 공유수면점용허가를 받는다.

- 구거점용허가 기간 및 사용료

  구거점용이 가능한 경우 면적 300㎡ 이하는 14일, 301㎡ 이상은 시도지사 승인이 필요하므로 30일이 걸려 승인이 나게 된다.

- 구거점용허가 사용료: 사용하는 평수×(공시지가×해당 조건 요율)=1년 사용료

  구거 사용료는 비싼 편은 아니다. 공시지가가 100만 원이고 요율이 2%, 진입로 확보를 위해 2평을 사용한다면 2평×100만 원×2%=4만 원이 나온다. 4만 원이 1년 사용료로 계산이 되니 적은 금액으로 맹지를 탈출할 수 있다.

* 구거점용허가는 신청만 하면 다 나는 것은 아니다. 점용허가가 나지 않는 지역도 있으므로 반드시 관할 관청에 문의가 필요하다.

2 토지 구입 후 개발행위 허가

건축법에 따른 건축물이 있는 대지를 제외한 산지와 농지는 반드시 개발행위 허가를 받아야 건축물을 지을 수 있다.

가. 개발행위 허가를 받아야 하는 범위

1) 건축물의 건축: 건축법에 따른 건축물의 건축

2) 공작물의 설치: 인공을 가하여 제작한 시설물(건축법에 따른 건축물 제외)의 설치

3) 토지의 형질변경: 절토, 성토, 정지, 포장 등의 방법으로 토지의 형상을 변경하는 행위와 공유수면의 매립(경작을 위한 토지의 형질 변경은 제외)

4) 토석채취: 흙, 모래, 자갈, 바위 등의 토석을 채취하는 행위(토지의 형질변경 목적은 제외)

5) 토지의 분할: 다음 각호에 해당하는 어느 하나의 토지분할(건축물이 있는 대지는 제외)
   - 녹지, 관리, 농림, 자연환경 보전지역 안에서 허가, 인가 등을 받지 않고 행하는 토지분할
   - 건축법에 따른 분할 제한면적으로 토지의 분할
   - 관계 법령에 의한 허가, 인가 등을 받지 않고 행하는 너비 5m 이하로 토지분할

6) 물건을 쌓아 놓는 행위: 녹지지역, 관리지역, 또는 자연환경보전지역 안에서 건축물의 울타리 안에 위치하지 아니한 토지에 물건을 1월 이상 쌓아 놓는 행위

* 예외적으로 재해복구나 재난수습을 위한 응급조치, 건축신고 대상건축물의 개축, 증축, 재축과 이에 필요한 범위에서의 토지의 형질변경 등의 경미한 행위는 개발행위허가 없이 할 수 있다.

나. 개발행위허가

개발행위 허가 신청은 땅 주인이나 토목설계사무소에서 할 수 있다.

1) 농지전용 절차 및 농지전용 분담금

농어촌 발전 특별조치법에 의해 전용부담금이라는 명칭으로 신설됐다. 기업이나 개인이 농지와 산지에 집을 짓는다든가 근린생활시설을 만들 때, 국가나 지방자치단체 또는 이들의 투자기관이 공공시설을 설치할 때 부과된다. 농지를 훼손하면 대체농지를 만들게 되어 있다. 따라서 농지를 전용한 자가 낸 전용부담금은 대체농지조림이나 농어촌 관리자금으로 쓰인다.

가) 농지전용

① 건축물의 건축 또는 인공을 가하여 제작한 시설물(공작물)의 설치

② 국가나 공공단체의 소유로 공공의 이익에 제공되는 유수면 매립이나 토지의 형질변경(경작을 위한 형질변경 제외)

③ 흙, 모래, 자갈, 바위 등 토석을 채취하는 행위를 말한다.

④ 이러한 개발행위는 반드시 특별시장, 광역시장, 시장, 군수의 허가를 받아야 한다.

나) 농지전용 절차

① 전용허가를 받으면 1년 이내에 집을 지어야 하며, 6개월 이내 두 차례 연기할 수 있다.

② 이 기간이 지나면 농지로 환원되므로 전용허가 신청 시기는 자금조달계획 및 주택 건

축 예정기간을 계산해서 정해야 한다.

③ 농지전용 절차: 농지전용허가신청서 작성 → 시, 군청 민원실 제출 → 농지전용 허가 심사(10일) → 허가 수수료 5,000원

다) 농지전용 부담금 <농지법 제38조>

① 토지나 임야를 개발하여 지목을 대지나 공장 등으로 변경하고자 할 때는 분담금을 내야 하고 반드시 건축물을 지어야 준공 처리되고 지목변경이 완료된다.

② 농지전용부담금: 공시지가의 30%를 세금으로 내게 되는데 상한가는 1㎡당 50,000원이다.

라) 농지전용 부담금 감면대상 <농어촌 발전 특별조치법 시행령 제52조 2>

① 국가나 지방자치단체 및 정부투자기관이 공단을 조성하는 등 농지나 산지를 전용할 경우 전용부담금의 70%를 감면

② 민간이 공단을 조성하는 등 농지나 산지를 전용할 경우 50% 감면

③ 농업인 주택 농축산업용 시설, 농수산물 유통·가공 시설, 어린이놀이터·마을회관 등 농업인의 공동생활 편의 시설, 농수산 관련 연구 시설과 양어장·양식장 등 어업용 시설을 설치하기 위하여 농지를 전용하는 경우 50% 감면

마) 농지전용 신고서 <농지법 제60조>

① 구비서류

- 농지전용신고서
- 사업계획서
- 전용목적, 시설물의 배치도, 시설물의 활용계획
- 소유권 입증서류(토지등기부등본) 또는 사용권 입증 서류(사용승낙서)
- 피해방지계획서

※ 변경허가 신청 시 변경내용을 증명할 수 있는 서류를 포함한 변경사유서

2) 산지전용 허가 조건 및 전용 부담금

관련법: 산지관리법 제2조, 산지관리법 제14조, 산지관리법 제15조, 산지관리법 제18조

가) 산지전용이란?

산지를 조림, 숲 가꾸기, 벌채, 토석 등 임산물의 채취, 산지일시사용 용도 외로 사용하거나 이를 위하여 산지의 형질을 변경하는 것을 말한다. 산지를 전용하고자 하는 때에는 산림청장, 시·도지사, 지방산림청장, 시장·군수·구청장 또는 국유림관리소장의 허가를 받거나 협의 또는 신고하여야 한다. 인근 산림의 경영·관리에 큰 지장을 주는 경우, 집단적인 조림 성공지 등 우량한 산림이 많이 포함된 경우, 토사의 유출·붕괴 등 재해가 발생할 우려가 있는 경우 등은 산지전용에 제한을 받는다.

나) 산지전용 제한지역

① 공공의 이익증진을 위해 보전이 특히 필요하다고 인정되는 산지는 산지전용을 제한할 수 있다.

② 주요 산줄기의 능선부로 자연경관 및 산림 생태계 보전을 위해 필요하다고 인정되는 산지

③ 명승지, 유적지, 그 밖에 역사적, 문화적으로 보전 가치가 인정되는 산지

④ 산사태 등 재해 발생이 특히 우려되는 지역

다) 산지전용허가의 조건

① 산림청장은 산지전용허가 시 다음과 같은 조건을 붙일 수 있다.

② 10만㎡ 이상 산지를 전용하는 경우 산지의 형질변경을 단계적으로 실시하거나 완료된 부분을 중간 복구할 것

③ 경관 유지를 위해 차폐림을 설치할 것

④ 사업 시행 중 발생한 토사는 당해 사업시행지역 밖으로 배출할 것

⑤ 산림으로 존치되는 지역은 조림, 육림 등 산림자원의 조성을 위한 사업을 실시할 것

⑥ 토사유출 방지시설 및 낙석방지시설, 옹벽, 침사지, 배수시설 등 재해방지시설을 설치

할 것

⑦ 그 밖의 산림기능의 유지·경관보전 등을 위해 산림청장이 정하여 고시하는 조건

라) 시장·군수·구청장 또는 국유림관리소장에게 신고하여야 하는 산지전용 대상

① 산림경영, 산촌개발, 임업시험연구 및 수목원·산림생태원·자연휴양림 조성을 위한 영구시설과 그 부대시설의 설치

② 농림어업인의 주택시설과 그 부대시설의 설치

③ 건축허가 또는 건축신고 대상이 되는 농림수산물의 창고·집하장·가공시설 등의 설치

마) 산지관리법에 의한 산지

① 입목(立木)·죽(竹)이 집단적으로 생육하고 있는 토지

② 집단적으로 생육한 입목·죽이 일시 상실된 토지

③ 입목·죽의 집단적 생육에 사용하게 된 토지

④ 임도, 작업로 등 산길

다만, 농지, 초지, 주택지, 도로, 과수원·차밭·삽수 또는 접수의 채취원, 입목·죽이 생육하고 있는 건물 담장 안의 토지, 입목·죽이 생육하고 있는 논두렁·밭두렁, 입목·죽이 생육하고 있는 하천·제방·구거·유지는 제외한다.

바) 산지전용허가 절차

신청서의 접수 → 현지조사확인 → 대체산림자원조성비 및 복구비 산정 → 대체산림자원조성비 납부고지 및 복구비예정통지 → 허가의 결정

<산지전용허가 신청시 첨부서류>

- 산지전용허가신청서 또는 산지전용허가변경신고서 1부
- 사업계획서 1부
- 산지전용을 하려는 산지의 소유권 또는 사용·수익권을 증명할 수 있는 서류 1부
- 산지전용예정지가 표시된 축척 2만5천분의 1 이상의 지적이 표시된 지형도 1부
- 축척 6천분의 1부터 1천200분의 1까지의 산지전용예정지실측도 1부

사) 산지전용 부담금

임야면적×(단위면적당금액+공시지가의 1%)

<단위면적당 금액>

준보전산지: 6,860원/㎡

보전산지: 8,910원/㎡

산지전용 일시 제한지역: 13,720원/㎡

* 산지전용 부담금은 해마다 다르므로 2020년 자료임.

3 용도지역별 건폐율과 용적률

가. 건폐율과 용적률 용어의 정의

1) 거실: 실제로 사용하는 전체 실거주 공간

2) 건폐율: 건축물이 땅 위를 차지한 면적, 즉 건폐율을 결정하는 데 사용되며, 외벽 중 내측 내력벽 중심을 중심선으로 한 수평 투영면적을 말하며, 외측에 처마, 차양 등은 중심선으로부터 1m를 제외한 나머지를 건축면적에 합산한다.

3) 용적률: 지하층 및 1층 70% 이상을 주차전용 공간으로 사용하는 피로티 공간을 제외한 각층 바닥면적의 합계, 대지의 크기에 비해 얼마나 많은 면적이 이용되는지를 나타낸다.

4) 연면적: 사람이 실제 사용하는 면적으로 지하층을 포함한 각층 바닥면적의 합계를 말한다. 동일 대지 내 2동 이상의 건축물이 있는 경우 각종 연면적을 합한 것을 연면적의 합계라고 한다.

나. 용도지역별 건폐율과 용적률

① 전용주거지역: 건폐율 50% 이하 용적률 100% 이하

② 제1종일반주거지역: 건폐율 60% 이하 용적률 200% 이하 저층 주택

③ 제2종일반주거지역: 건폐율 60% 용적률 150~250% 이하 중, 고층주택

④ 제3종일반주거지역: 건폐율 50% 용적률 200~300% 이하 고층주택

⑤ 준주거지역: 건폐율 70% 이하 용적률 500% 이하

⑥ 일반상업지역: 건폐율 70% 이하 용적률 1,000% 이하

⑦ 중심상업지역: 건폐율 90% 이하 용적율 1,500% 이하

⑧ 녹지지역: 건폐율 20% 이하 용적률 100% 이하

⑨ 생산, 보전관리지역: 건폐율 20% 이하 용적률 80% 이하

⑩ 계획관리지역: 건폐율 40% 이하 용적율 100% 이하

다. 건축물이 있는 대지의 토지분할 제한면적

① 주거지역: 60㎡

② 상업, 공업지역: 150㎡

③ 그외지역: 60㎡

④ 개발제한구역: 200㎡(단, 주택, 근린시설을 건축하기 위해 분할하는 경우 330㎡)

4 건축설계

설계사무소는 설계 전문이지만 실제 건축을 하는 주체는 아니기에 시공사와 여러 번 미팅을 한 후에 설계를 하게 된다. 미팅에서 최대한 상세하게 건축주의 요구사항을 설명해 주어야 한다. 근생과 주택을 혼합한 상가주택으로 할지, 주택으로만 할지, 상가로만 할지를 정해야 하고 상가주택으로 한다면 1층만 근생(상가)로 할지 1, 2층 모두 근생으로 할지 정한다. 또 3, 4층 주택은 원룸으로만 할지 원룸과 2룸을 섞을지 2룸만으로 할지, 4층은 주인 세대가 거주할 수 있는 3룸으로 할지 의견을 주어야 한다.

가. 계획설계

1) 계획설계 시 반영사항

설계의뢰를 받은 건축사는 현장을 방문 조사 후 다음 사항을 참고하여 대략적인 기초도면을 수기로 그려서 건축주와 서로 협의한다.

가) 목표 설정: 주택을 계획함에 있어 우선은 목표를 설정해야 한다. 가족의 구성원 수, 라이프 스타일 등을 고려하여 목표를 계획하고 그에 맞는 설계를 진행한다.

나) 웰빙 생활의 증대: 삶의 질 향상과 쾌적한 주거생활 그리고 정신적 안정과 생활의 의욕을 고양시킬 수 있는 분위기 조성이 필요하다.

다) 가사노동의 절감: 필요 이상의 넓은 주거공간을 지양하고 주부의 동선을 경감시킨 평면계획이 중요하다.

라) 가족본위의 주거: 가족 구성원이 단란한 삶을 영위할 수 있는 구조가 되어야 하고 전체 화목은 물론 구성원들의 사생활이 확보되어야 하며 형식적이고 외적인 요인을 제거해야 한다.

마) 프라이버시 확립: 주거공간에는 프라이버시 확보가 중요하므로 침실, 욕실, 수납 등을 계획 시 프라이버시를 침해하는 일이 없어야 한다.

* 수기로 계획도면을 작성한 후 건축주와 협의가 되면 기본도면을 작성하게 된다. 기본도면이 나오면 건축주는 시공사와 함께 미팅을 하면서 수정이 필요한 부분을 체크해야 한다. 건축주는 건축전문가가 아닌 만큼 가급적 건축을 하는 주체인 시공사의 의견을 듣고 반영하는 것이 좋다.

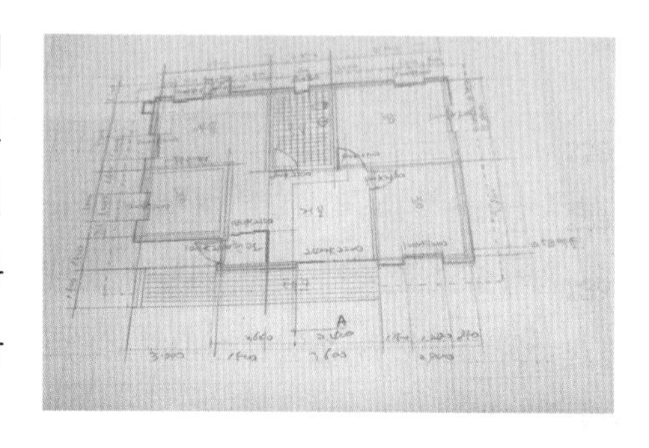

나. 기본설계

기본설계라 함은 쉽게 말해 인허가를 받기 위해 인허가 기관에 제출하는 도면을 말한다. 건축사는 계획설계에 의해 건축주의 요구조건이 충분히 반영이 되었을 때 캐드 프로그램을 이용해 배치도 평면도 단면도 구조상세도 입면도 등 인허가 도면인 기본도면을 작성한 다음 건축주와 다시 한번 체크한 후 인허가 기관에 제출한다.

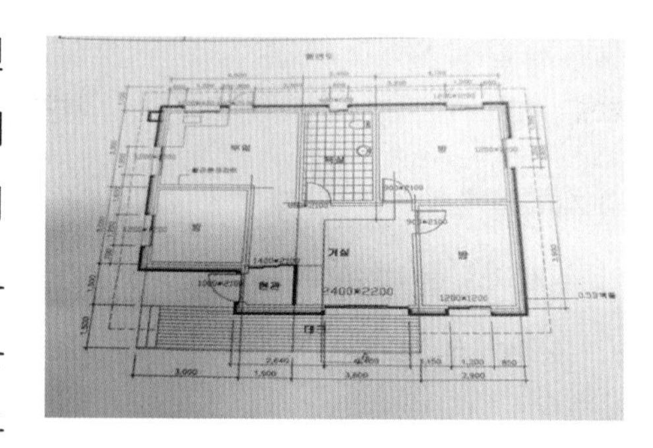

다. 실시설계

기본설계도를 근거로 현장에서 실제 시공할 수 있는 도면으로 일종의 시공상세도로 보면 된다. 최종도면에는 건축하고자 하는 건축물의 위치, 대지면적, 층별 용도 등이 담긴 개요서와 건물배치도, 오수와 우수 계획도, 대지 종과 횡단면도, 면적산출표, 각 층별 평면도, 정면도, 우측면도, 좌측면도, 배면도, 주단면도, 각 층별 창호평면도, 각 층별 구조평면도, 주택부분 벽체평면도 등 건축에 필요한 모든 건축도면에 대한 내용이 포함되어 있다.

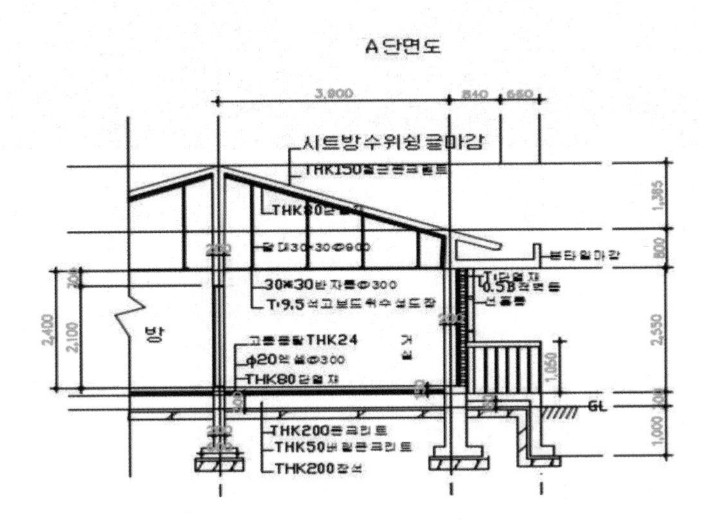

위와 같은 실시도면을 근거로 시공업체를 선정하게 되는데 이때 업체선정을 잘 해야 건축주가 요구하는 성능 및 기능과 품질을 보장받을 수 있다.

5 시공업체 선정방법

가. 시공준비

건축사로부터 기본도면과 실시도면을 넘겨 받으면 건축주는 실시도면을 근거로 시공사로부터 세부 견적내역서를 받아 최종 시공자를 결정하게 된다. 건축주와 시공자간에 공사계약이 완료되면 설계자는 관할관청에 착공신고를 하고 건축시공 업무가 본격적으로 시공된다.

나. 시공자 결정방법

건축시공의 성패는 시공자의 결정에서부터 시작된다. 우리가 마트에서 1,000원짜리 과자 1봉을 선택할 때에도 유통기한과 영양성분을 꼼꼼히 챙긴다. 그러나 건축시공에서는 단독주택은 다른 건축물에 비해 규모가 작다는 이유로 형식이나 절차를 생략 후 시공자를 결정하는 경우가 많다.

반드시 시공업체의 지명원, 세부견적내역, 시공사의 자격, 공사비 산출근거, 총 공가금액을 면밀히 검토 후 시공자를 결정해야 한다. 이와 같은 내역을 제시할 능력이 없는 업체는 기술력 또한 없는 업체이다.

다. 시공자 선택 시 유의사항

1) 합리적인 공사비를 제시하는 업체 또는 최저가 업체를 선정하되 여러 업체의 견적을 받아

비교해 보고 특히 세부견적내역에는 벽돌, 시멘트, 목재 등 수량 및 단가가 명확하게 기재되어야 하며 심지어 칸막이벽 1㎡당 공사비 산출이 가능하도록 한 업체를 선정해야 한다. 그렇게 해야 추가공사 발생 시 업체가 제시한 단가는 변경할 수 없으며 늘어난 수량만 적용하여 공사비 계산이 가능해야 한다.

2) 풍부한 시공능력을 갖춘 업체를 선정하라.

시공자가 건설업 등록업체인지 확인하고 기술자보유 현황, 시공경력, 하자보수 시스템, 건축시공업체가 맞는지를 면밀히 검토가 필요하다.

3) 될 수 있는 한 시공 현장과 인접한 업체를 선정하라.

시공현장과 인접한 업체는 현장관리가 쉽고 비용이 적게 들고 작업속도 또한 효율적일 수 있다.

4) 될 수 있으면 중규모 업체를 선택하라.

대규모 업체는 소규모 공사는 하지 않는 경우가 많고 소규모 공사를 한다고 해도 하도급을 주어 실질적인 관리가 소홀하다. 소규모 업체는 공정관리 및 시공계획이 허술하여 공사기간이 연장되기도 하고 공사 중에 도산할 수도 있으며 공법 선택이나 공정관리 잘못으로 발생한 손실을 건축주에게 떠넘기려고 떼를 쓰는 경우도 허다하다.

5) 경영자의 인품을 점검하라.

건축시공은 경영자의 인격이나 경영 마인드에 영향을 받기 마련이다. 세부견적서와 같이 제출한 지명원을 살펴보면 지명원은 자사의 업무범위 및 경영방침, 기술자 보유 현황, 기술자 등급, 법인등기부등본, 사업자등록증, 주요 시공실적 등을 일목요연하게 정리한 문서이다. 세부견적내역서는 자재의 수량, 자재의 단가, 노무비 단가 시공사의 이윤 등을 명시한 서류이다.

6 공사계약

가. 공사계약의 종류

1) 일괄계약방법: 소규모공사에서 가장 많이 사용하는 계약방법으로 한 업체에 공사 전체를 맡겨 그 업체가 공사를 관리하에 공사를 진행하고 완성까지 책임지도록 하는 방식

2) 직용계약방법: 건축주가 각 직종별(목공, 철근공, 조적공, 창호공 등) 직접 교섭하여 계약을 체결한 다음 계약 당사자들이 직접 자재를 수급해서 공사를 진행하는 방식으로 이 경우는 건축주가 건축에 관한 지식이 풍부할 때 또는 전문가를 현장관리자로 선임했을 때 가능한 계약 방법으로 건축주가 직접 전체공사 공정관리와 업무의 조정을 해야 한다.

3) 실비정산방법: 실제 공사비를 정산하여 지급하는 도급 방법이다. 주로 이 방법은 추가공사에서 많이 이루어지는 방식으로 재료비 및 노무비 단가는 견적서 단가를 적용하고 늘어난 자재수량 노무비를 정산하게 된다.

   * 실비 정산에서 가끔 공사업자들이 덤터기를 씌우려고 하지만 견적단가는 관급공사든 민간공사든 변경이 불가하며 견적 잘못으로 인한 손실은 유책사유로 시공자가 책임져야 한다.

나. 공사계약서 작성 및 첨부서류

1) 계약서란

가) 건축주와 시공자 쌍방의 서로에 대한 권리와 의무에 대한 약속이 성립되었음을 증명하는 문서로서 모든 업무의 이해관계나 약속 등에 계약서와 관련된 문서가 첨부되어야 한다.

나) 계약서 내용에 따라 공사 완료 및 인계까지 또는 유지관리까지 계약내용에 포함되어야 한다. 계약이 이루어지면 계약 당사자들은 각 조항의 내용을 성실히 이행하여야 하는 의무를 가진다.

다) 계약서가 정확하게 작성되어야 사후에 분쟁이 발생하지 않는다.

- 공사계약서 잘못 쓰면 덤터기 쓴다.
- 공사계약서는 기본적으로 발주자가 작성하고 시공자(수급자)는 발주자(도급자)의 요구대로 계약을 하고 첨부서류 역시 발주자의 요구대로 서류를 갖추어 계약하는 것이다.
- 발주자가 주인이고 주인의 요구대로 집을 지어 주는 것이다.
- 관급공사는 청렴계약서라 하여 발주청에서 작성해놓은 서식에 따라 발주청의 요구대로 첨부서류를 갖추어 공사계약을 하고 시공을 하는 것이다.
- 대부분의 건축주들이 시공업체의 요구대로 공사계약서를 잘못 쓰는 바람에 사기 당하고 가슴앓이 즉 속병의 근원이 되고 공사업자들은 80% 공정에서 공사 중단하고 갑질이 시작된다.

2) 공사계약서 주요 명기 사항

가) 계약서에 필수적으로 기재되어야 할 사항을 알아보기로 한다.

① 도급인과 수급인

② 건축물의 위치와 규모

③ 건축물의 공사기간

④ 공사금액과 대금 지불방법

⑤ 안전사고 방지이행에 대한 조치 및 책임관계

⑥ 계약 및 하자담보 이행에 대한 책임관계

⑦ 계약 당사자간 직인 날인 및 계약일자

다. 민간공사계약서 첨부서류

① 설계도서(도면, 내역서, 시방서)

② 단독주택은 기본 내역서가 없으므로 시공자의 상세견적내역과 시공자가 국토부 표준시방서를 근거하여 작성한 시공방법, 즉 시방서

③ 계약이행 보증증권(서울보증) 공사금액의 1~2%

④ 하자이행 보증증권이나 이행각서(서울보증) 공사금액의 1~2%

⑤ 사업자등록증 사본

⑥ 건설업 등록증 사본 및 수첩

⑦ 사용 인감계 및 인감

⑧ 법인 등기부등본

⑨ 안전관리 수칙 산업안전 보건법을 적용한 시공자가 작성한 현장수칙

※ 위 사항은 관급공사를 기준으로 한 것이며 관급공사는 공사금액 100만 원도 위와 같은 서류를 첨부하는데 민간공사는 건축주가 이 같은 기준을 제시하면 공사 금액이 적은데 누가 하냐고 하면 타 업자를 선택하면 된다.

※ 개인공사의 경우 계약이행 보증은 공사금액의 10%까지도 할 수 있다. 계약이행 완료 후 발주자로부터 확인서를 받아 가면 보증보험에서 환급을 받으므로 공사업자는 손해 보는 것이 아니다. 이와 같은 공사계약서 작성을 거부하는 공사업자는 사절해야 한다.

※ 시방서(시공방법)가 첨부되지 않으면 시공하는 방법을 알 수 없는 상태에서 건축주(발주자)는 공사대금을 지불해야 한다.

라. 관급공사계약서 첨부서류

① 공사 청렴계약서 2부: 관공서에서 작성 50~100페이지 정도

② 공사계약 특수 조건: 관공서에서 작성

③ 공사계약 이행 각서 또는 증권

④ 안전관리 계획서: 업체에서 작성

⑤ 사업자등록증

⑥ 건설업등록증

⑦ 건설업등록 수첩

⑧ 사용 인감계

⑨ 법인 인감증명서

⑩ 법인 등기부 등본

⑪ 총괄 내역서: 과공서에서 설계용역으로 작성

⑫ 도급내역서: 총괄내역에서 낙찰률을 적용한 내역서로 시공자가 작성

마. 공사계약서 샘플서식

민간건설공사 표준도급계약서

건축주 홍갈동

“갑”이라 한다. 수급인 이하 “을”이라 한다. 를 이름한 입장에서 서로 협력하여 신의에 따라 성실히 계약을 이행한다. 발주자(도급인)이하

제1조 공사내용

1. 공사명: 고려빌딩 4층 환경개선공사

2. 공사장소: 부산진구 양정동 394-31번지 4층

3. 공사기간

1) 착공: 2015년 7월 24일

2) 준공: 2015년 8월 26일

4. 계약금액: 일금 팔백칠십이만원 정 (\ 8,720,000 *부가가치세별도)

건설산업기본법 제88조제12항 동시행령 제64조제1항 규정에 의하여 산출한 공사 대금임

5. 계약보증금: 일금 0 원 정 (\ 없음 보증증권 대체 가능.)

6. 선 급 금: 일금 삼백만 원 정 (\ 3,000,000 공사금액의 30~50%)

7. 기성부분금: 월 회 기성검사 내역의 90% 범위 내

8. 지급자재 품목 및 수량

없음

9. 하자담보책임: 건설산업기본법 제30조제1항의 규정에 준하며 하자담보금은 증권로 대체한다.

공사금액의 1~2%

공종	공종별계약금액	하자보증금1.5%	하자담보책임기간
칸막이 및 기타		없음	없음

10. 지체성금: 1일당 계약금액의 1/1000

11. 특약사항: 없음

12. 공사대금 지급조건

1) 준공검사완료 후 (하자이행증권 제출)

2) 하자이행증권 제출 후 공사대금 100% 현금 지급

2015년 7월 22일

발주자(도급인): 부산진구 양정동 362-12 번지 홍 길 동 인

시공자(수급인): 부산진구 양정동 393-7 삼화빌딩 4층 윤 해 량 인

1) 공사 대금 지불방법

공사 대금 지불방법은 공사계약서에 필수적으로 포함되야 하나 공사의 내용 공사의 규모에

따라 달라질 수 있어 특약 사항에 포함시키는 경우도 있다. 일반적으로 공사 진행 상황에 따라 공사량을 검사 후 공사 완료된 양의 90% 범위 내에서 지급한다.

2) 선급금

관급공사의 경우 국가계약법에 정한 의무 지급 비율에 따라 지급하나 민간 공사의 경우 계약 당사자간 합의한 비율에 따라 지급하되 공사 계약 체결 후 지급한다. 일반적으로 공사계약 체결 후 착공과 동시에 지급하는 경우가 많기는 하나 공사 계약 체결 후 바로 지급하는 경우도 있다.

3) 중도금 또는 기성 부분금

공사가 단기 공사인 경우 공사 진행이 50% 이상 진행 후 중간에 한 번 지급하고 잔금은 완료 후 지급하나 공사 기간이 2개월 이상 장기 공사인 경우 월간 또는 15일간 진행된 공사의 공사량을 검사(기성검사)하여 완료된 양의 90% 범위 내에서 지급한다.

※ 단층인 콘크리트 건축물의 경우 슬래브 콘크리트 타설이 완료되고 거푸집이 해체되면 전체 공사의 30%가 완료된 것으로 보면 된다. 공사 기간으로 보나 금액으로 보나 구조체 공사가 완료되면 30% 정도가 완료된 것이다.

4) 잔금

공사 완료 후 또는 준공검사 후 하자담보이행증권을 제출받고 지급을 한다. 추가 공사가 있는 경우 실비정산을 하는데 시공자가 공사 금액을 임의로 부풀릴 수 있으므로 관급공사나 민간공사 모두 최초 견적 시 단가 변경은 불가하다.

※ 간혹 시공사가 잔금을 공사를 완료하지 않고 선 지급을 요청하는 경우가 있는데 절대로 선 지급을 해서는 안 된다. 선 지급을 하게 되면 90% 낭패를 본다. 업체의 도산 또는 계약 해지로 이어지게 되고 결국 나머지 공사는 직영 또는 타 업체에 의뢰해야 완료한다. 잔금을 주고 낭패 보나 안 주고 낭패 보나 동일하다.

5) 공사 계약 시 특약사항

법적으로 전혀 하자가 없는 건축물일지라도 민원이 발생하면 공사가 중지되는 경우가 많다. 인접 건물을 훼손 또는 파손했을 경우 복구비용 및 피해보상도 해야 한다. 분진, 소음, 환경관리 대책 등 지역 주민과 양해 및 협조관계 등을 반드시 특약사항에 기재하여 책임 한계를 건축주와 시공자간에 분명하게 기재되어야 한다. 부실시공이 확인되면 발주자 또는 감리자가 시정명령을 내릴 수 있고 불응하면 계약 해지조건 및 현장관리자 교체요청이 가능하도록 특약사항에 명시해야 한다.

바. 착공신고 및 착공 전 준비

건축주와 시공자간에 공사 시공계약이 이루어지면 건축주는 행정기관에 착공 신고를 한다.

1) 착공신고 첨부서류

① 착공 신고서

② 계약서: 시공자 계약서, 설계자 계약서, 감리자 계약서

③ 설계도서: 설계도면, 내역서(견적 내역서), 시방서 등

④ 공사 예정공정표

⑤ 현장 관리자(현장 대리인) 신고서

⑥ 현장대리인 재직 증명서

⑦ 기술자 수첩사본(현장대리인)

위와 같은 서류를 행정 관서에 제출하고 착공신고 필증을 교부 받은 후 공사를 진행할 수 있다. 대개 단독주택 건축신고는 건축주의 협조하에 건축사가 대행한다.

2) 건축허가는 허가를 받은 날로부터 1년 이내 공사를 착수하지 않으면 건축허가를 취소당한다. 특별한 사유를 제시하여 6개월씩 두 차례 연기가 가능하나 연기 기간 내에 공사를 착수하지 않으면 허가가 취소되므로 주의할 필요가 있다.

3) 직용공사

건축주(발주자)가 직접 노무자를 고용하여 시공하는 공사를 말하며 건축주가 전문가가 아니라면 공사시공 5~7일 전에 현장관리자를 선임하여 실행내역을 작성하고 시공계획 및 공사 예정공정표를 작성하여 건축주로부터 승인을 받고 공사를 시작한다.

4) 시공업체 일괄계약 공사

업체대표는 현장조직을 구성하고 5~7일 전에 현장책임자를 선임하여 실행내역을 작성하고 시공계획 및 공사 예정공정표를 작성하여 업체대표로부터 승인을 받고 공사를 시작한다.

제2편 도면 파악

1 도면 기본지식 파악하기(설계도의 이해)

설계도는 배치도, 평면도, 단면도, 입면도 등으로 나눌 수 있으며 설계과정에서 계획설계, 기본설계, 실시설계라는 단계로 나누어진다.

가. 계획설계

건축사가 현장을 방문 조사한 뒤 건축주와 상의하여 프리핸드로 계획단계 도면을 작성 완료한 뒤 캐드 도면으로 기본 설계도를 작성한다.

나. 기본설계

인허가를 받을 때 제출용 도면으로 배치도, 평면도, 단면도, 입면도, 구조도, 구조상세도, 재료마감표, 각종 상세도 등으로 된 도면이다.

다. 실시설계

현장에서 실제 시공도면으로 설계사무소 또는 시공업체나 목수팀장이 조직원 또는 근로자들이 시공 중에 오류를 없애기 위해 시공 상세도를 그려서 현장에서 직접 시공할 수 있는 도면으로 기본도면을 근거로 상세하게 작성한 도면이다.

라. 배치도

건축물과 대지의 전체 파악이 가능한 주요 도면으로 대지 위에서 건축물이 차지하는 위치 및 도로와의 관계, 도로의 너비, 주요 출입구 진입방향, GL(기준점) 등이 표현된다.

마. 평면도

건축물을 1.5m 높이에서 수평으로 절단한 후 윗부분을 뚜껑처럼 들어 올린 후 위에서 아래로 내려다본 형상을 그린 도면으로 벽체의 두께, 각 실의 위치, 개구부의 위치 및 치수가 기입된 도면이다.

바. 단면도

평면도와 달리 건물을 수직으로 절단한 후 측면에서 내부를 들여다본 도면으로 개구부, 돌출부, 처마 등의 치수가 기입된 도면으로 건축물의 전체 정보를 확인할 수 있는 중요한 도면이다.

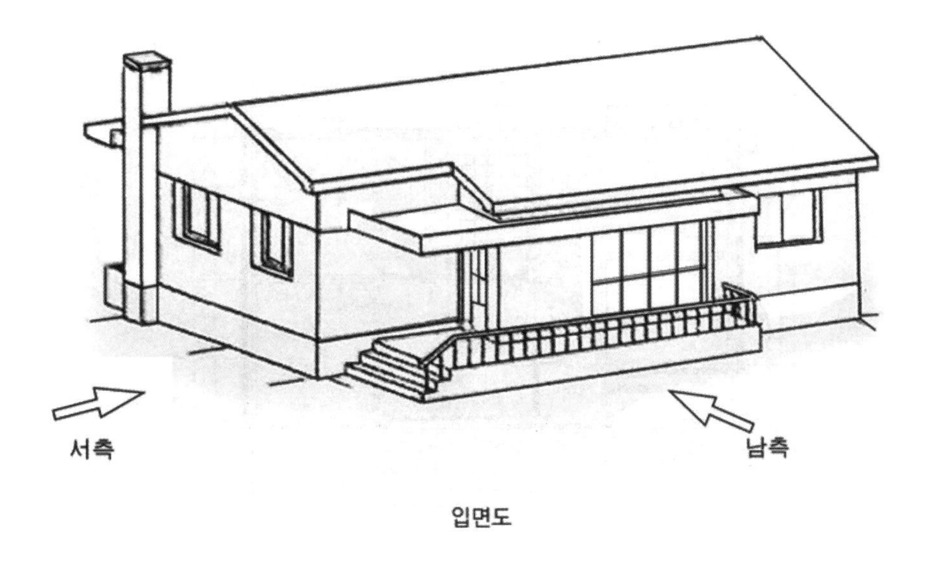

입면도

2 기본도면 파악하기

가. 평면도의 구성

1) 대개 각층별 바닥 평면도를 가리킨다.

   평면도에는 기둥 중심선을 기준으로 하여 기둥 번호를 도면 상단과 좌측에 표기한다. 중심

2) 선 간격을 치수선으로 표기하며 mm 단위를 사용한다.

3) 평면도 우측 하단에는 도면 이름과 축척을 표시한다.

4) 평면도에는 대개 1/50, 1/100, 1/200의 축척을 사용하는데 그중 1/100의 축척을 가장 많이 사용한다.

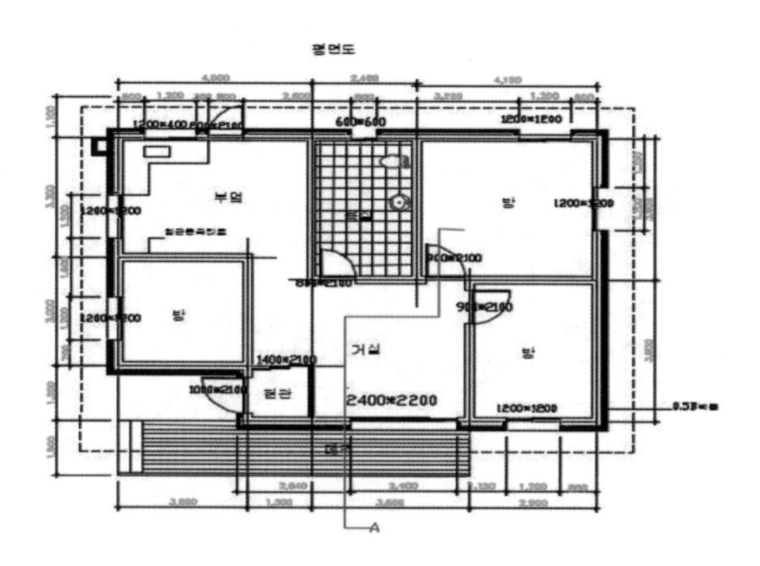

나. 선의 종류

도면에서 선은 선의 종류에 따라 의미가 달라지는데 실선과 파선, 점선, 일점쇄선, 이점쇄선으로 나눌 수 있고 굵기에 따라 나타내는 것이 다르다.

① 실선은 모양을 표시한다.
② 굵은 선은 단면과 외형 배선 및 배관을 나타낸다.
③ 가는 선은 치수, 치수보조, 인출 보조 설명이 필요할 때 사용하며 해칭선으로도 이용된다.
④ 파선(점선)은 숨어 있는 것과 배선 배관을 나타낸다.
⑤ 일점쇄선은 건축물의 중심선을 표시한다.
⑥ 이점쇄선은 경계선을 나타낸다. 대지경계, 동경계, 읍면경계 등

다. 평면도 보는 법

전체 실배치를 살펴본 후 치수를 확인하고 문과 창의 위치 및 개폐 방식을 확인한다. 크기에 따라 자재비가 달라지므로 각 실별로 꼼꼼하게 챙겨야 한다. 계단의 배치 등 추후 변경이 어려운 곳은 일조와 방향을 고려해 보고 평면도에서 변경 및 수정 사항이 있으면 건축사와 상의한다.

1) 평면도

건물의 층을 중간에서 수평으로 자르고 위에서 아래로 내려다보고 그린 도면으로 각 실의 배치, 출입구, 창의 위치와 벽의 배치를 표시한 도면이다. 평면도는 건축물에서 가장 기본이 되는 도면이기에 평면도만 제대로 파악한다면 다른 도면도 쉽게 알 수 있다. 몇 가지 기본 규칙을 참고로 평면도부터 내 것으로 만들어 설계과정을 이해하자.

2) 단면도

건축물을 수직으로 절단하고 그 면을 수평방향에서 본 것을 그린 도면으로 지붕, 물매, 층높

이 등의 치수, 차양, 처마 등의 돌출치수 등을 기입한 도면.

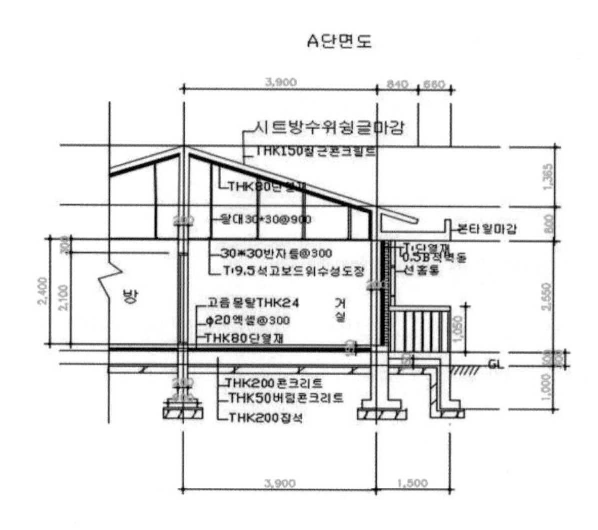

3) 전개도

건물내부 벽면을 상세하게 보여 주기 위해 내부벽면을 전개하여 하나로 연결한 입면도면으로 실내의 단면현상, 천장, 창호 등의 높이, 바닥, 벽 등의 마무리 명칭을 기입한 도면.

4) 창호도

출입구, 창 등의 창호의 모든 것에 대해서 재료, 형상, 치수, 개수, 부속품을 표시한 도면으로 창호 배치도를 작성하고 창호 위치를 명확하게 한 도면.

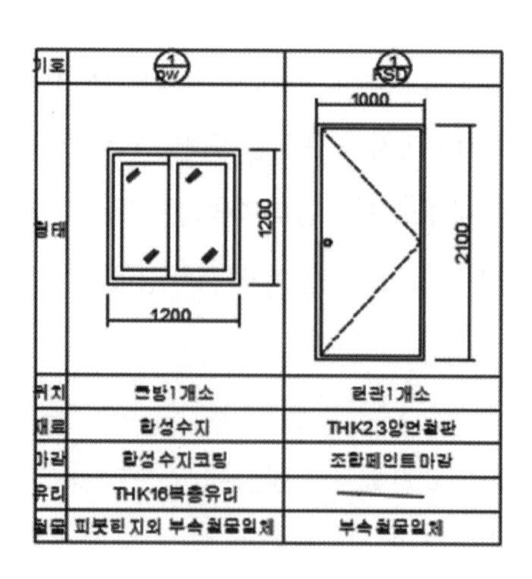

기호	1 DW	1 KSD
형태	1200 × 1200	1000 × 2100
위치	큰방1개소	현관1개소
재료	합성수지	THK2.3양면철판
마감	합성수지코팅	조합페인트마감
유리	THK16복층유리	—
철물	피봇힌지외 부속철물일체	부속철물일체

5) 구조도

건축물의 구조형식을 표시한 도면으로 층별, 구조, 평면, 단면, 층별, 철근, 배근, 형식 등을 구체적으로 나타낸 도면을 말한다.

6) 단면상세도

단면도에서 표현하지 못한 부분에 대해서 시공할 때 불명확한 점이 없도록 세부적으로 자세히 그려 치수를 표시한 도면.

7) 위생설비도

전기, 위생, 냉난방 환기, 승강기, 소화 설비 등을 표시한 도면.

★ 도면 파악이란?

도면을 파악하려면 도면을 볼 줄 알아야 한다는 뜻이다. 말은 쉬운 것 같으나 어려운 문제이며 도면은 그려 보고 구조를 익히는 것을 반복 작업하는 것이 가장 빨리 도면을 익히는 방법이다.

3 현황 파악하기(상세도면 파악)

가. D10@300 표시는

D는 지름을 표시하는 것으로 주로 철근의 지름을 표시할 때 사용하는 기호다. 지름 10㎜ 철근이 중심과 중심간격이 300㎜로 일정하게 배치된 것을 말한다.

나. ф 30@300 표시는

지름이 30㎜인 파이프 종류의 지름을 나타내는 것으로 지름 30㎜인 파이프의 중심과 중심 간격이 300㎜ 간격으로 일정하게 배치된 것을 나타낸다.

다. 이밖에 많이 사용되는 기호

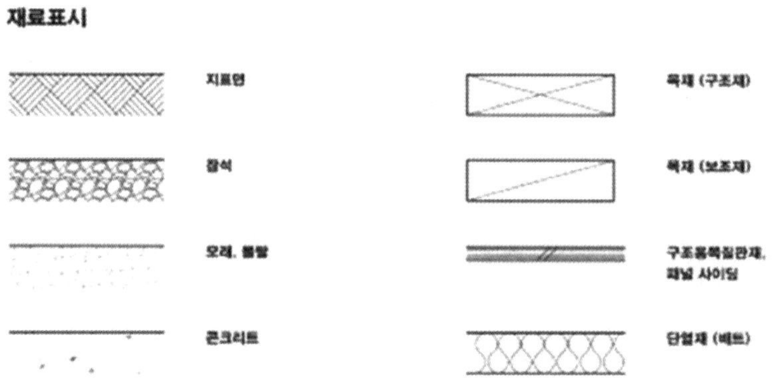

재료표시

지표면

잡석

모래, 몰탈

콘크리트

목재 (구조재)

목재 (보조재)

구조용목질판재,
패널 사이딩

단열재 (매트)

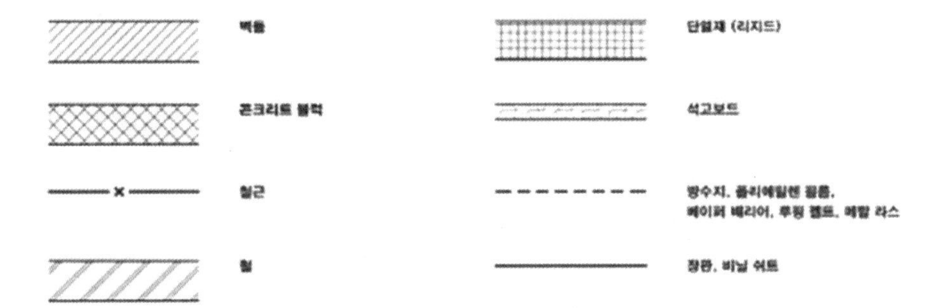

라. 경량목조주택에 많이 표시되는 기호

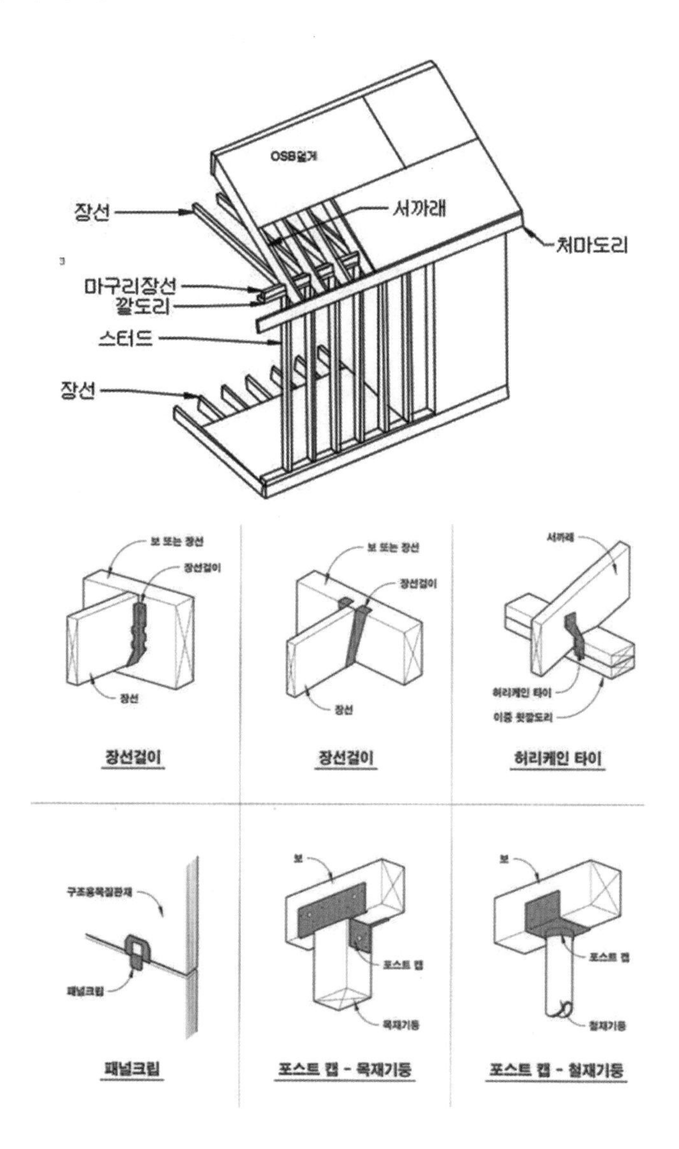

제3편 건축목공 현장안전(가설공사)

1 개인보호구 선택하기

현장안전이라고 하면 산업안전보건법에 의한 근로자의 안전과 건설기술진흥법에 의한 시설물안전이 있는데 이 장에서는 현장 작업 중 산업안전보건법의 의한 안전을 중점적으로 공부를 하기로 한다.

가. 안전모

같은 안전모라도 산업별, 용도별로 종류가 다양하다. 예를 들어 주로 높은 곳에서 작업을 하는 경우에는 AE종의 안전모를 착용한다면 추락에 의한 위험을 방지할 수가 없게 된다. 이외에도 안전모의 재질도 중요한 사항이다. 감전의 위험이 있는 곳에서 내전압성이 낮은 재질의 안전모(AB종)를 착용한다면 위험이 매우 높다. 따라서 산업현장에 적합한 기준에 맞는 안전모의 종류를 선택하여 착용하는 것이 중요하다.

종류 (기호)	사용구분	비고
AB	물체의 낙하 또는 비래 및 추락에 의한 위험을 방지 또는 경감시키기 위한 것	
AE	물체의 낙하 또는 비래에 의한 위험을 방지 또는 경감하고, 머리부위 감전에 의한 위험을 방지하기 위한 것	내전압성*
ABE	물체의 낙하 또는 비래 및 추락에 의한 위험을 방지 또는 경감하고, 머리부위 감전에 의한 위험을 방지하기 위한 것	내전압성

나. 안전대

안전대란 고소작업 시 추락에 의한 위험을 방지하기 위해 사용하는 개인보호구다. 건설현장에서는 그네식 안전대를 착용해야 한다.

- 그네식 안전대의 구조

  벨트, 안전그네, 지탱벨트, 죔줄, 보조죔줄, 수직구명줄, D링, 각링, 8자형링, 훅, 보조훅, 카라비나, 버클, 신축조절기, 추락방지대로 구성된다.

1) 안전대 선택 기준

- 1종 안전대는 전주 위에서의 작업과 같이 발받침은 확보되어 있어도 불안전하여 체중의 일부를 U자 걸이로 안전대에 지지하여야만 작업을 할 수 있으며, 1개 걸이의 상태로는 사용하지 않도록 선정해야 한다.
- 2종 안전대는 1개 걸이 전용으로서 작업을 할 경우, 안전대에 의지하지 않아도 작업할 수 있는 발판이 확보되었을 때 사용한다. 다만 로우프의 끝단에 클립이 부착된 것은 수직지지 로우프만으로 안전대를 설치하는 경우에 사용한다.
- 3종 안전대는 1개 걸이와 U자 걸이로 사용할 때 적합하다. 특히 U자 걸이 작업 시 후크를 걸고 벗길 때 추락을 방지하기 위해 보조 로우프를 사용하는 것이 좋다.
- 안전블록이 부착된 안전대의 구조는 다음 각 호에 적합하여야 한다.
- 안전블록을 부착하여 사용하는 안전대는 신체 지지의 방법으로 안전그네만을 사용하여야 한다.
- 안전블록은 정격 사용길이가 명시되어야 한다.
- 안전블록의 줄은 로우프, 웨빙, 와이어 로우프이어야 하며, 와이어 로우프인 경우 최소공칭지름이 4㎜ 이상이어야 한다.
- 추락방지대가 부착된 안전대의 구조는 다음 각호에 적합해야 한다.
- 추락방지대를 부착하여 사용하는 안전대는 신체지지의 방법으로 안전 그네만을 사용하여야 하며 수직구명줄이 포함되어야 한다.
- 추락방지대와 안전그네간의 연결 죔줄은 가능한 짧고 로우프, 웨빙, 체인 등이어야 한다.

- 수직구명줄에서 걸이설비와의 연결부위는 훅 또는 카라비나 등이 장착되어 걸이설비와 확실히 연결되어야 한다.
- 수직구명줄은 유연한 로우프 등이어야 하며 구명줄이 고정되지 않아 흔들림에 의한 추락 방지대의 오작동을 막기 위하여 적절한 방법을 이용하여 팽팽히 당겨져야 한다.

2) 안전대 사용자 관리

- 안전대는 추락 시 2차 사고를 방지하기 위해 작업자가 안전대를 착용하고 추락했을 때 다음과 같은 안전거리를 확보해야 한다.
- 안전거리(C)=D링 거리+죔줄 길이(L)-걸이설비 높이(H)+감속거리(S)
- 훅을 걸이설비에 연결할 경우 가능한 높은 지점에 설치하는 것이 바람직하다. 거는 위치가 낮을수록 추락거리가 길어지기 때문이다.
- 로프 등 죔줄의 길이는 2.5m 이내로 가능한 짧게 만들어 사용한다.
- 죔줄의 마모, 금속제의 변형 여부를 점검해 훼손 시 교체한다.
- 지지 로프를 2명 이상이 사용하지 않는다.
- 안전대의 죔줄은 예리한 구조물 등에 접촉하지 않도록 한다.

2 안전시설물 설치하기

가. 가설비계

1) 강관(단관)비계

가) 설치기준

- 성능점검 기준에 적합한 부재사용
- 비계기둥 하단부에 깔판 깔목 밑받침철물을 사용하여 침하 방지를 할 것
- 기둥의 간격은 띠장방향 1.5~1.8m 이하 장선방향 1.5m 이하로 할 것
- 첫 번째 띠장은 지상에서 2m 이하로 하고 그 위의 띠장 간격은 1.5m로 한다.
- 비계기둥간의 간격이 1.8m 이내일 때 적재하중은 400㎏을 초과하지 말 것
- 벽 이음은 수직 수평 5m 이내로 한다.
- 가새는 기둥간격 16.5m 이하 띠장간격 15m 이내로 하고 45도로 하고 모든 기둥을 결속해야 한다.
- 작업발판은 2개소 이상 고정하고 추락 및 낙하물방지 조치를 한다.

서울가설비계(현장사진)

* 외부비계는 구조체에서 30~45cm 떨어져서 쌍줄비계를 설치하되 별도의 작업발판을 설치할 수 있는 경우에는 외줄비계를 설치할 수 있다.

2) 비계다리 설치기준

가) 시공 하중 또는 폭풍, 진동 등 외력에 대하여 안전한 설계

나) 경사로는 항상 정비하고 안전통로를 확보하여야 한다

다) 비탈면의 경사각은 30도 이내로 하고 미끄럼막이 간격은 30cm 이내로 한다.

라) 경사로의 폭은 최소 90cm 이상

마) 길이가 8m 이상일 때 7m 이내마다 계단참 설치

바) 추락방지용 안전난간 설치

사) 경사로 지지기둥은 3m 이내마다 설치

아) 목재는 미송, 육송 또는 그 이상의 재질을 가질 것이어야 한다.

자) 발판은 폭 40cm 이상으로 하고, 틈은 3cm 이내로 설치

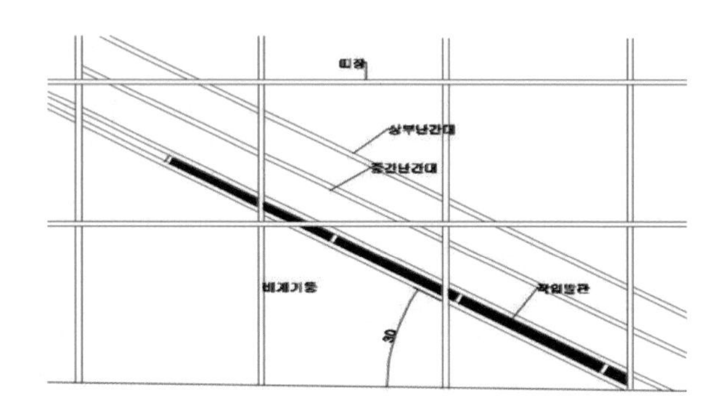

3) 강관틀(BT)비계

가) 설치 시 준수사항

- 비계기둥 하단부에 침하방지 및 이동식의 경우 제동장치를 사용할 것
- 이동식 바퀴의 지름은 최소 12.5cm 이상으로 하고 전도방지 장치(아웃트리거) 설치할 것이며 고저차가 있는 경우 수평상태를 유지할 것
- 높이가 20m를 초과하거나 중량물 적재를 수반할 경우 주틀 간격을 1.8m 이하로 할 것

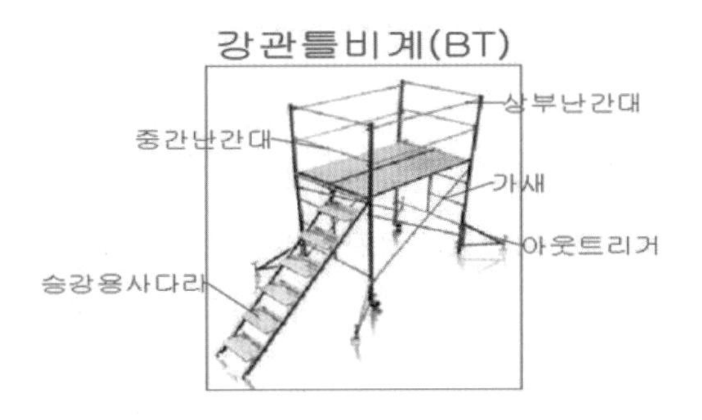

- 주틀간에 교차가새를 설치하고 최상층 및 5층 이내마다 수평재(후리도매)를 설치할 것
- 수직방향으로 6m 수평방향으로 8m 이내마다 벽이음 할 것
- 길이가 띠장 방향으로 4m 이하이고 높이가 10m를 초과하는 경우에는 10m 이내마다 띠장 방향으로 버팀기둥을 설치할 것

4) 달비계

건축물 외부 도장공사, 청소작업 등에 로프를 이용하여 작업발판을 설치하여 사용하는 비계

가) 달비계 설치기준

- 달비계 바닥면은 틈새 없이 깐다. 발판의 폭은 400~600㎜ 이내로 하고 난간은 바닥에서 90㎝ 이상으로 한다.
- 낙하물의 위험이 있을 때는 머리를 보호할 수 있도록 달비계에 유효한 천장을 한다.
- 윈치에는 감김통과 일체가 된 톱니바퀴를 설치하고 톱니바퀴에는 톱니 누름장치를 하여 역회전을 자동으로 방지할 수 있도록 한다.
- 와이어 로프는 인장 하중에 가해지는 10배 강도의 것을 사용하고 아연도금한 직경 12㎜ 이상 간이 달비계는 9㎜ 이상을 사용한다.
- 와이어 로프는 아래에 해당되는 것은 사용할 수 없다.
- 와이어 로프 한 가닥에 소선의 10% 이상 손상된 것
- 공칭 직경의 7% 이상 감소한 것
- 변형되었거나 부식된 것

- 와이어 로프를 걸 때에는 와이어 로프용 부속철물을 사용한다.

5) 달대비계

철골작업 시 안전하게 작업할 수 있도록 로프를 이용하여 작업발판을 설치하는 비계

가) 달대비계 설치기준

- 철골작업 개소마다 안전한 구조의 작업발판을 설치한다.
- 발판의 재료는 변형 부식 또는 심하게 손상된 것을 사용하지 않는다.
- 작업발판의 폭은 40㎝ 이상으로 한다.
- 안전대 부착설비를 한다.
- 철근을 이용하여 달비계 제작시는 D13 이상으로 한다.
- 작업발판에 최대 적재하중을 표시하고 표지판을 설치한다.
- 작업발판 없이는 용접 작업을 금한다.

6) 말비계

실내 내부공사 시에 설치하는 작업 발판

가) 말비계 설치기준

- 지주부 하단에 미끄럼 방지 장치를 하고 아웃트리거 및 밑둥잡이 설치할 것
- 말비계의 높이가 2m를 초과 시 40㎝ 이상 작업발판을 설치할 것

말비계(우마)

소규모 현장에서 건축목공이 설치한 가설비계

나. 높이 1m 이상 또는 굴착 깊이 1m 이상일 때 안전시설물

- 근로자가 안전하게 승강할 수 있는 승강로 설치
- 승강로 양쪽 옆에 추락방지를 위한 안전난간 설치

다. 높이 2m 이상 고소작업 시 안전시설물 설치 및 개인보호구

- 근로자가 안전하게 승강할 수 있는 승강용 사다리 설치
- 높이 1.2m 이상 추락방지용 안전 난간 설치
- 견고한 폭 40㎝ 이상 작업발판 설치
- 안전대 부착설비를 한다.
- 필요 시 추락방지방 설치

라. 안전난간 설치기준

개구부 작업발판 가설계단의 통로 등에서의 추락사고를 방지하기 위해 설치하는 가 시설물을 말하는 것으로서, 이는 난간기둥, 상부 난간대, 중간대, 그리고 폭목으로 구성되어 있다. 이러한 안전난간의 각 부분 접합부는 쉽게 변형, 변위를 일으키지 않는 구조를 가져야 한다.

- 높이 1.2m 상부난간대 설치
- 높이 60㎝ 중간난간대 설치
- 높이 100㎜ 이상 발 끝막이판 설치
- 난간기둥의 간격은 2m 이내로 한다.
- 수평력으로 100㎏ 이상의 하중에 견딜 수 있도록 한다.

마. 작업발판 설치 기준

- 발판재료는 작업 시 하중을 견딜 수 있도록 견고한 것으로 할 것

- 작업발판의 지지물은 하중에 의하여 파괴될 우려가 없는 것으로 할 것
- 작업발판재료는 떨어지지 않도록 둘 이상의 지지물에 연결하거나 고정할 것
- 작업 발판을 작업에 따라 이동시킬 때에는 위험 방지에 필요한 조치를 할 것
- 작업발판의 폭은 40㎝ 이상으로 할 것
- 발판재료 사이의 틈은 3㎝ 이하로 할 것

바. 이동식 사다리 설치 기준(산업안전 보건법 제24조)

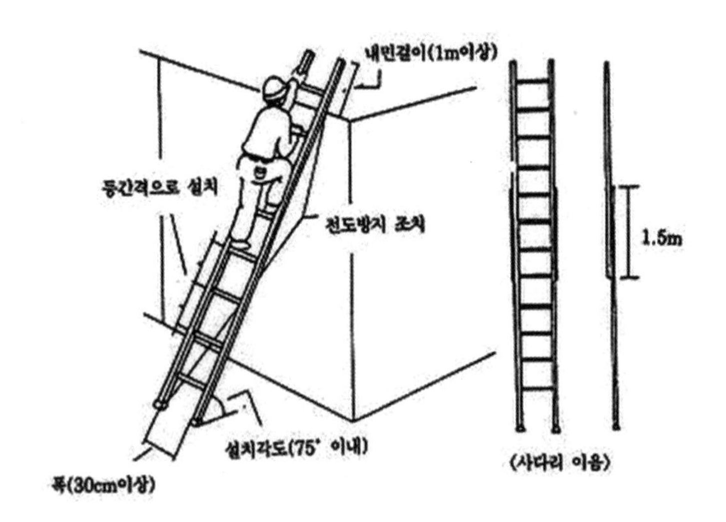

- 견고한 구조로 할 것
- 심한 손상, 부식 등이 없는 재료로 할 것
- 발판의 간격은 일정하게 할 것
- 발판과 벽과의 사이는 15㎝ 이상으로 할 것
- 폭은 30㎝ 이상으로 할 것
- 사다리가 넘어지거나 미끄러지지 않는 조치를 할 것
- 사다리의 상단은 걸쳐 놓은 지점으로부터 60㎝ 이상 올라가도록 할 것
- 사다리 통로의 길이가 10m 이상인 경우는 5m 이내마다 계단참을 설치할 것
- 사다리 통로의 기울기는 75도 이하로 할 것, 다만 고정식 사다리 통로의 기울기는 90도 이하

로 하고 그 높이가 7m 이상인 경우에는 바닥으로부터 높이가 2.5m 되는 지점부터 등받이 울을 설치할 것

- 접이식 사다리의 기둥은 사용 시 접혀지거나 펼쳐지지 않도록 철물 등을 사용하여 견고하게 조치할 것

사. 낙하물방지망 설치기준

- 낙하물방지망 설치는 높이 10m 이내 또는 3개층마다 설치한다.
- 낙하물방지망의 내민 길이는 비계의 외측에서 2m 이상 방지망의 겹침 길이는 150㎜ 이상으로 하고 수평면과 방지망의 경사 각도는 20~25도 이내로 한다.
- 버팀대는 가로방향 1m 이내 세로방향 1.8m 이내의 간격으로 강관을 이용하여 설치한다.
- 외부비계와 벽체 사이 틈이 없도록 안전망을 설치한다.

낙하물방지망

아. 방호선반

보행로 출입구 등에 작업 중 재료나 공구 등의 낙하로 인한 피해를 방지하기 위하여 강판 또는 합판 등의 재료를 사용하여 비계 내측 및 외측 그리고 낙하물의 위험이 있는 장소에 설치하는 가설물을 말한다.

1) 설치기준(산업안전보건규칙 제14조)

- 근로자의 통행이 빈번한 출입구 및 임시출입구 상부에는 반드시 방호선반을 설치해야 한다.
- 방호선반의 내민길이는 구조체의 최 외측으로부터 산출한다.
- 방호선반의 설치 높이는 출입구의 지붕높이로 지붕면과 단차가 발생하지 않도록 한다.
- 방호선반의 받침기둥은 비계용광관 또는 이와 동등이상의 성능을 가진 재료로 한다.
- 방호선반의 최외곽 받침기둥에는 방호 또는 안전방망 등을 설치하여 방호선반 외측으로 낙하한 낙하물이 구조물 내부로 튀어 들어오는 것을 방지할 수 있어야 한다.

방호선반

자. 제37조(안전보건표지의 설치·부착)

사업주는 유해하거나 위험한 장소·시설·물질에 대한 경고, 비상시에 대처하기 위한 지시·안내 또는 그 밖에 근로자의 안전 및 보건 의식을 고취하기 위한 사항 등을 그림, 기호 및 글자 등으로 나타낸 표지(이하 이 조에서 "안전보건표지"라 한다)를 근로자가 쉽게 알아볼 수 있도록 설치하거나 부착하여야 한다. 이 경우 「외국인근로자의 고용 등에 관한 법률」 제2조에 따른 외국인근로자(같은 조 단서에 따른 사람을 포함한다)를 사용하는 사업주는 안전보건표지를 고용노동부장관이 정하는 바에 따라 해당 외국인근로자의 모국어로 작성하여야 한다.
안전보건표지의 종류, 형태, 색채, 용도 및 설치·부착 장소, 그 밖에 필요한 사항은 고용노동부령으로 정한다.

3 불안전 시설물 개선하기

안전 시설물 기준에 부적합한 것을 적합하도록 개선하는 것이다.

1) 현재 설치된 틀비계는 승강용 사다리 설치가 안 되어 있어 승강용 사다리를 개선해야 한다.

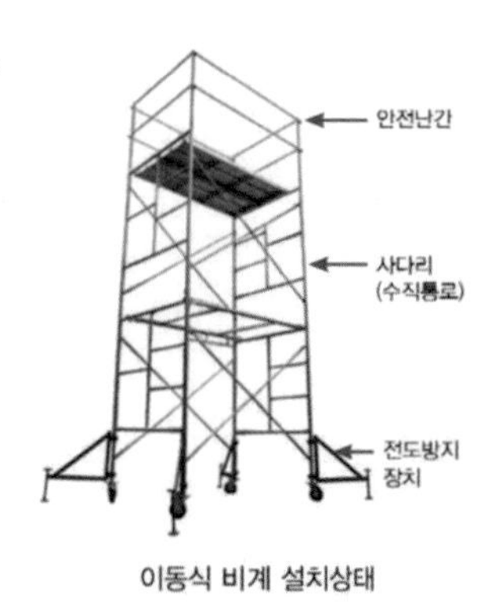

이동식 비계 설치상태

2) 현재 설치된 A형 사다리는 전도방지장치가 없다.

★ 안전하게 설치된 안전 시설물이 불안전 시설물로 변하는 것은 기상재해(태풍, 폭우) 후 불안전 시설물로 변하게 된다.

★ 기상재해 후 점검사항

매단 장치의 흔들림 상태, 타포린 및 각종 표지판 상태, 연결철물의 탈락 여부 및 부식 상태, 작업발판의 부착 여부, 비계기둥의 침하여부를 반드시 점검해야 한다.

제4편 건축공사(건축목공) 시공계획

1 설계도서 검토

대개의 사람들이 건축물을 짓거나 집수리를 하다 보면 예상금액보다 더 들어간다고 한다. 이유는 계획성 없이 필요에 따라 하다 보면 공사 금액은 눈덩이처럼 불어나게 마련이다. 시공자가 수주금액보다 공사 금액이 불어나게 되면 건축주가 불어난 금액을 쉽게 줄 이유가 없다는 점도 알아야 한다. 그래서 반드시 시공계획서를 작성하고 그 계획에 맞추어서 일을 해야 한다.

가. 시공계획서의 의미

1) 시공계획서란 그 계획서를 보고 누구나 동일한 생각으로 시공을 할 수 있도록 작성한 지침서이다.
2) 공사의 시기, 장소 종류에 따라 방법과 조건이 다르게 되므로 그에 적합한 공사방식을 사전에 검토·인지·협의하는 것이다.
3) 공사에 참여하는 많은 사람의 각기 다른 생각을 가장 합리적이고 능률적인 방향으로 정하여 놓은 곳이다.
4) 공사의 금액, 품질, 공사기간을 사전에 예측하고 목표를 설정하는 데 있다.
5) 공사 중 발생할 수 있는 사고, 환경, 민원, 교통 등의 문제를 사전에 예측하고 대비하는 데 있다.
6) 여러 가지 공사 지연요소를 사전에 발췌하여 제거하거나 좋은 방향으로 바꾸거나 대비하는 데 있다.

나. 시공계획서에서의 공사순서

1) 시공순서는 공사를 원하는 시점에 완성하는 방향을 기준으로 한다.
2) 공정계획을 완성하고 효율적인 공정의 선후 관계를 확인한다.
3) 연속적인 공사와 간헐적인 공사의 배치를 잘하여야 공정 마찰을 줄일 수 있다.

다. 공정계획 작성 시 문제점과 유의사항

1) 항상 투입시점과 공사 중 이벤트를 기록하고 수시로 확인한다.
2) 할 수 있는 일만 계획한다.
3) 해외 반입 자재, 장비는 계약기간, 제작기간, 선적기간, 해당 국가의 정세, 환율을 고려해야 한다.
4) 불필요한 것과 불합리한 것을 사전에 검토하여 제거한다.
5) 불가피한 것과 필수적인 사항의 누락을 검토하고 이를 반영한다.
6) 인원, 자재, 장비의 균형적인 투입을 고려하여 비용 발생이 예측이 가능하고 자금경색이 발생되지 않게 한다.

라. 공종별 계획사항

1) 하도급 공사계획이 매우 중요하다.
2) 사전에 해당 현장에 적합한 특기, 시방을 작성한다.
3) 하도급자의 재정상태, 기술력, 공사실적 등을 사전에 검토한다.
4) 하도급자에게 지급하는 자재와 공급하는 자재의 능률과 관리 여부를 확인한다.
5) 공종별 전문가의 시공도 작성능력과 현장관리 능력을 갖춘 회사를 선정한다.

마. 가설공사

1) 가설공사는 모든 공사의 지원, 유지, 보조를 위한 것이므로 매우 중요하다.
2) 비용과 능률이 비례하므로 능률만 치우쳐 계획해서는 안 된다.
3) 가설공사는 그 시점이 매우 중요하므로 투입시점을 수시로 확인 점검하여야 한다.
4) 가설공사는 가능한 장비 작업과 시설물 설치를 기준으로 작성하는 것이 유지보수에 유리하다.
5) 가설공사는 안전사고와 밀접한 관계가 있으므로 안전사고 방지계획과 병행하여 세워야 한다.

바. 건축공사 시공계획 포함사항

1) 현장 조직표, 공사세부공정표, 주요공정의 시공절차 및 방법, 시공일정, 주요장비 동원계획, 주요기자재 및 인력투입 계획, 주요설비, 품질 안전 환경관리 대책
2) 공사업자는 월간 공정표는 7일 전, 주간 공정표는 4일 전에 제출한다.

사. 공정관리

1) 정의

가) 공정관리는 건축생산에 필요한 자원(5M)을 경제적으로 운영하여 주어진 공기 내에 좋고, 싸고, 빠르고, 안전하게 건축물을 완성하는 기법

나) 공정관리를 위해서는 공정표를 작성한다.

다) 자원 5M: 자재관리, 장비관리, 자금관리, 공사관리, 노무관리를 말한다.

2) 작성순서

가) 준비 → 내용검토 → 시간계산 → 공기조정 → 공정표 작성

① 준비

- 공사계약서: 공사의 범위 및 공사기간 검토. 계약서상 공사기간은 절대공기라고 하

여 시공자 마음대로 변경이 불가능하므로 모든 공정표는 절대공기를 벗어나면 안 된다.

- 설계도서: 설계도서라 함은 도면, 내역서(견적 및 도급내역서), 시방서, 재료마감표 등이다. 설계도서를 검토하여 재료의 양이나 공사량(품의 수량) 등을 산출하여 공사 일정을 결정한다.

② 내용검토

설계도면과 시공방법 등을 검토하고 공사내용을 충분히 검토하여 불필요한 것과 불합리한 것을 제거하고 직접 시공 가능한 방법으로 결정한다.

③ 시간계산

터파기면 터파기에 대한 장비를 선택하고 실제 작업시간을 계산하여 공사일정을 계산하여 적용하고 공사의 선후 관계를 결정한다.

④ 공기조정

공기조정은 공사의 종류와 특징 규모 등에 따라 면밀히 검토 후에 현장 특성에 맞게 적합한 기준을 세워 공정별 공사기간을 결정한다.

⑤ 공정표 작성

전단계에서 검토된 사항을 누구든지 쉽게 이해하고 알아볼 수 있도록 표로 작성하고 공사를 진행하는 과정에서 수시로 검토 체크하여 공사기간을 조정해 나간다.

3) 공정표의 종류

공정표의 종류로는 Gantt식과 Net work 공정표가 있는데 이 장에서는 현장에서 가장 많이 사용하는 Gantt식 공정표를 가지고 알아보기로 한다.

★ Gantt식 공정표: 횡선식과 사선식이 있다. 공사의 종류 및 작업 순서에 따라 소요시간에 따

라 단순하게 작도된 공정표를 말한다.

특성:

- 작성이 용이하다
- 판단이 쉬워 초보자가 이용하기 쉽다.
- 작업 상호관계 및 진도 관리가 어렵다.

★ 횡선식 바챠트 공정표는 현장사무실 상황판 등에 가장 많이 사용하는 공정표로 초보자도 쉽게 작성 가능한 공정표로 현장관리자나 건축목공은 필수적으로 알아야 한다.

2 공정표 작성

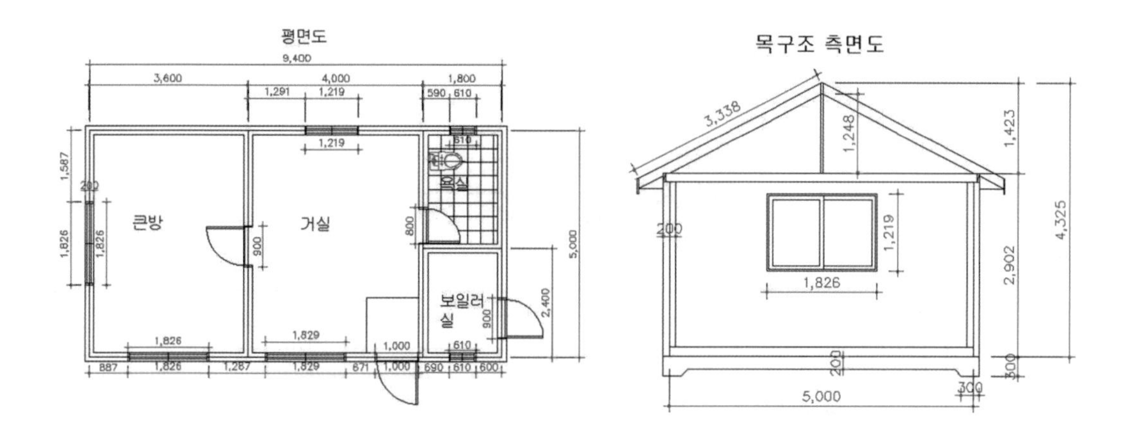

가. 위 목구조 평면도 및 측면 서까래와 장선 대공 높이를 보고 공사범위 및 일정을 판단하여 시공 계획서를 작성한다.

나. 필요한 경우 벽체 및 장선 서까래 구조상세도를 작성하여 재료의 수량 및 작업량을 계산할 수도 있다.

후면벽체 시공상세도

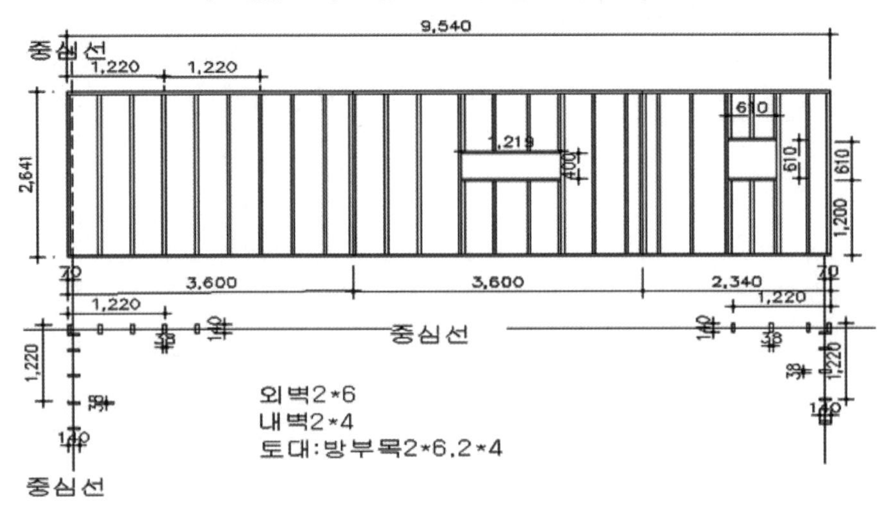

장선시공상세도

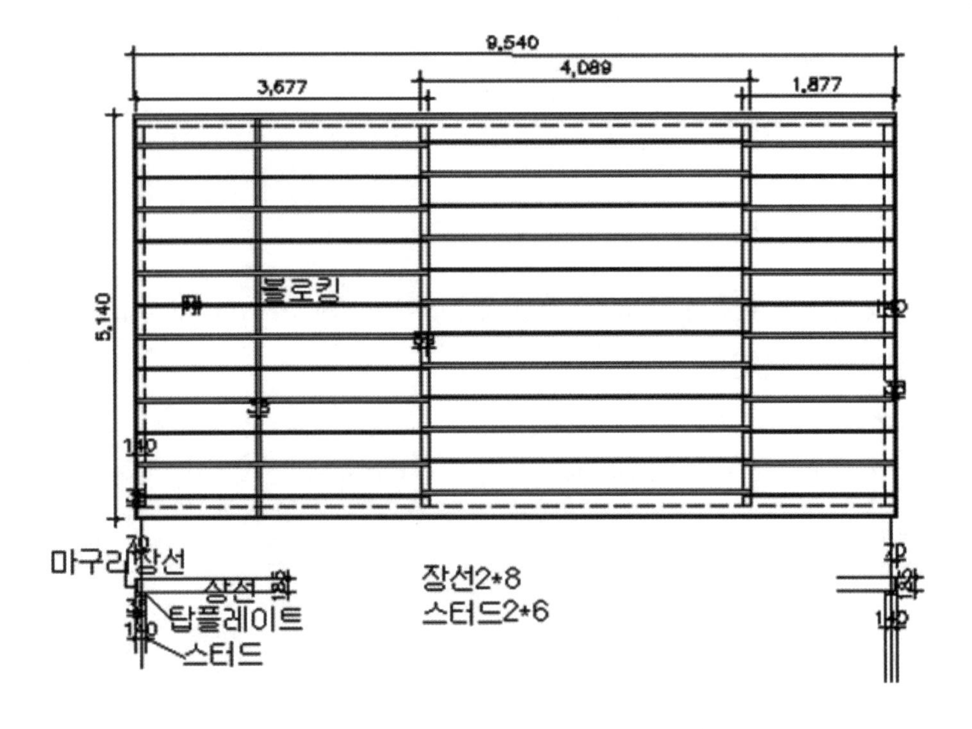

다. 시공계획서 작성

<table>
<tr><th>공종</th><th>내용</th><th>산정된 공기</th></tr>
<tr><td rowspan="3">가설공사</td><td>현장답사, 가설 운반로 정비 굴삭기 02W 1대, 관리자 1명</td><td>1일</td></tr>
<tr><td>현장 사무실 설치(콘테이너), 관리자 1명, 조력자 1명</td><td>1일</td></tr>
<tr><td>규준틀 설치, 측량기계 및 관리자 1명, 목공 2명, 각재 1단</td><td>1일</td></tr>
<tr><td rowspan="3">토공사 및
지정공사</td><td>터파기, 02W 굴삭기 1대, 관리자 1명, 조력자 1명</td><td rowspan="2">1일</td></tr>
<tr><td>재활용골재 10㎥</td></tr>
<tr><td>버림콘크리트 타설 6㎥, 관리자 1명, 콘크리트공 2명</td><td>1일</td></tr>
<tr><td rowspan="6">기초공사</td><td>먹매김 목공 2명, 철근배근 철근공 2명, 위생설비 1명</td><td rowspan="2">1일</td></tr>
<tr><td>전기설비 1명, 관리자 1명,</td></tr>
<tr><td>거푸집 설치 목공 2명, 관리자 1명</td><td>1일</td></tr>
<tr><td>기초 콘크리트 25-24-12 레미콘 12㎥ 타설</td><td rowspan="2">1일</td></tr>
<tr><td>펌프카 1대, 관리자 1명, 콘크리트공 3명</td></tr>
<tr><td>콘크리트 양생 평균기온 20℃ 이상</td><td>4일</td></tr>
<tr><td rowspan="3">구조 벽체공사</td><td>먹매김 및 토대깔기 목공 2명, 관리자 1명</td><td rowspan="3">3일</td></tr>
<tr><td>벽틀제작 및 설치 목공 2명, 관리자 1명</td></tr>
<tr><td>장선 설치 목공 2명, 관리자 1명</td></tr>
<tr><td rowspan="5">구조 지붕공사</td><td>대공 설치 및 마루대 설치 목공 2명, 관리자 1명</td><td rowspan="2">2일</td></tr>
<tr><td>서까래 설치 및 처마도리, 박공 설치, 목공 2명, 관리자 1명</td></tr>
<tr><td>후레싱 설치 물받이 설치, 잡철공 2명, 관리자 1명</td><td>1일</td></tr>
<tr><td>아스팔트 시트방수, 방수공 2명, 관리자 1명</td><td rowspan="2">2일</td></tr>
<tr><td>아스팔트 쉬글작업 지붕공 2명, 관리자 1명</td></tr>
</table>

시공상세도를 보고 산출된 공사량에 따라 작업 일정을 계산한 뒤 위와 같이 시공 계획서를 작성하고 시공 계획에 따라 바챠트 공정표를 작성한다.

라. 공정표 작성

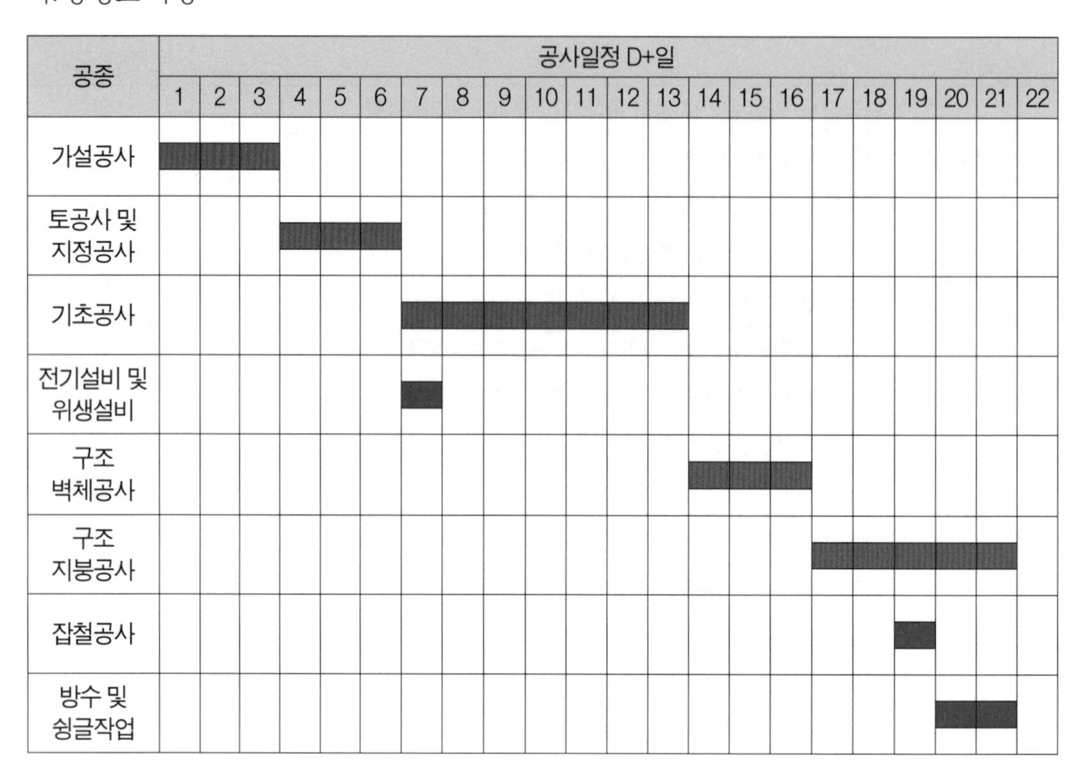

공종	공사일정 D+일																					
	1	2	3	4	5	6	7	8	9	10	11	12	13	14	15	16	17	18	19	20	21	22
가설공사	■	■	■																			
토공사 및 지정공사				■	■	■																
기초공사							■	■	■	■	■	■	■									
전기설비 및 위생설비							■															
구조 벽체공사														■	■	■						
구조 지붕공사																	■	■	■	■	■	
잡철공사																			■			
방수 및 슁글작업																				■	■	

3 인원 자재 장비 투입계획

가. 실행 내역서 작성하기

실행 내역서라 함은 도급내역 또는 견적내역에 따라 공사를 수주하고 나면 예를 들어 공사금액이 1000만 원이라고 한다면 현장 책임자가 현장에서 1000만 원으로 공사를 하고 나면 본사 지원인력이나 업체 유지비 및 이윤이 없게 되고 업체는 문을 닫아야 한다.
현장 책임자는 본인이 직접 시공 가능한 금액 800만 원 또는 700만 원에 대한 실제 시공할 수 있는 금액으로 내역서를 작성하여 업체 대표로부터 결재를 받고 현장에서 실행내역에 맞추어 공사를 진행하게 된다.

나. 현장조직원 편성

공사를 수주하고 나면 가장 먼저 현장 조직이 편성되어야 책임자가 시공계획 및 공정표 실행 내역서를 만들고 계획된 범위 내에서 효율적인 공사를 진행한다.

다. 건축주 직용 공사

1) 소규모 주택에서 건축주 직용공사도 현장관리자가 배치되고 배치된 현장관리자는 업체가 시공하는 방법과 동일하게 계획된 공정관리 공사를 진행하게 된다.

2) 간혹 우리는 “평당 얼마입니까?”라는 질문을 많이 하는데 이는 잘못된 것이다. 건축비는 건축주 예산에 맞추어 공사하는 것이고 건축재료 또한 가지수도 많고 같은 마감재도 금액이 수십 배 차이가 나므로 건축주 예산에 맞추는 것은 어렵지 않다.

라. 실행내역서 작성

현장관리자(대리인)으로 선임된 자는 다음과 같은 실행 내역서를 작성하여 업체대표(건축주)로부터 결재를 받고 부득이한 경우를 제외하고 실행예산 범위 내에서 공사를 진행한다.

〈실행내역서〉 구조체공사(후면벽체)

명칭	규격	수량	단위	재료비		노무비		경비		합계	
				단가	금액	단가	금액	단가	금액	단가	금액
토대목	38*140*3600	3	EA	15,000	45,000	10,000	30,000	-	-	25,000	75,000
밑깔도리	38*140*3600	3	EA	10,000	30,000	10,000	30,000	-	-	20,000	60,000
벽체	38*140*3000	33	EA	8,000	262,000	10,000	330,000	-	-	18,000	594,000
합계											729,000

★ 이와 같이 시공 계획단계를 거친 뒤 공사시작에 대한 실질적인 준비단계로 들어간다.

제5편 시공 준비

1 세부공정표(네트워크 공정표) 작성

이번 과정에서는 세부공정표 즉 네트워크 공정표 작성과 공사의 진도관리 부분에 대하여 알아보기로 한다. 네트워크 공정표는 소규모 현장에서는 사용하지 않지만 중규모 이상 초고층빌딩에까지 필수적이라고 보면 된다. 또한 국가기술자격시험 준비를 하는 수험생들에게도 필수적인 부분이다.

가. Net work(네트워크) 공정표 작성

1) 개요

가) 작업상 상호관계를 event와 activity에 의하여 망상형으로 표시

나) 그 작업의 명칭, 작업량, 소요시간 등 공정상 계획 및 관리에 필요한 정보를 기입한다.

다) 공정관리 수행상 발생하는 문제점과 공정 진척을 관리

라) 작성순서: 준비 → 내용검토 → 시간계산 → 공기조정 → 공정표 작성

① 준비: 설계도서, 공정별 공사량, 입지조건 및 시공계획서

② 내용검토: 공사내용을 세분화, 집약화 분석 후 작업량에서 작업일수 파악

③ 시간계산: 계산공기 및 각 작업의 EST, EFT, LST, LFT 계산

④ 공기조정: 계산공기가 지정공기를 초과 시 지정공기(계약서상 공기)에 맞춤

⑤ 공정표 작성: 최종적으로 공정표 작성

⑥ 네트워크 작성의 원칙

- 화살선은 왼쪽에서 오른쪽으로 진행한다.

- 화살선은 회송되어서는 안 된다.
- 작업 상호간의 교차는 가능한 피한다.
- 결합점에 들어오는 작업선은 모두 완료된 후 작업개시 할 수 있다.
- 각 작업의 개시와 종료 결합 점은 반드시 하나이다.

★ 5M : 노무관리, 자재관리, 장비관리, 자금관리, 시공방법

2) Net work(네트워크) 공정표의 용어 설명

순위	용어	영어	기호	내용
1	프로젝트	Project		네트워크에 표현하는 대상공사
2	작업	Activity	→	프로젝트를 구성하는 작업 단위
3	더미	Dummy	···›	가상적 작업(시간 작업량 없음)
4	결합점	Event, Node	○	작업과 작업을 결합하는 점 및 개시점 종료점
5	가장 빠른 개시 시각	Earliest Starting Time	EST	작업을 가장 빨리 시작하는 시각
6	가장 빠른 종료 시각	Earliest Finishing Time	EFT	작업을 가장 빨리 끝낼 수 있는 시각
7	가장 늦은 개시 시각	Latest Starting Time	LST	공기에 영향이 없는 범위에서 작업을 가장 늦게 시작하여도 좋은 시각
8	가장 늦은 종료 시각	Latest Finishing Time	LFT	공기에 영향이 없는 범위에서 작업을 가장 늦게 끝내어도 좋은 시각
9	가장 빠른 결합점 시각	Earliest Node Time	ET	최소의 결합점에서 대상의 결합점에 이르는 경로 중 가장 긴 경로를 통하여 가장 빨리 도달되는 결합점 시각
10	가장 늦은 결합점 시각	Latest Node Time	LT	최소의 결합점에서 대상의 결합점에 이르는 경로 중 시간적으로 가장 긴 경로를 통과하여 프로젝트의 종료시각에 알맞은 여유가 전혀 없는 결합점 시각
11	총여유	Total Float	TF	가장 빨리 시작하여 가장 늦게 끝낼 때 생기는 여유 시간
12	슬랙	Siack	SL	결합점이 가지는 여유 시간
13	패스	Path		네트워크 중 둘 이상의 작업이 이어짐
14	플로트	Float		작업의 여유 시간
15	주공정선	Critical Path	CP	작업의 시작점에서 종료점에 이르는 가장 긴 패스

3) 진도관리(follow up)

가) 개요

- 진도관리는 게획공정표와 실적공정표를 비교하여 원할한 공사 진척이 되도록 지연 시 지연대책을 강구하고 수정 조치하는 것을 말한다.
- 최대 1개월 이내 범위에서 실적공정표를 작성 관리하며 공정사항을 충분히 적용하기 위해 수치적으로 나타내 주는 것이다.

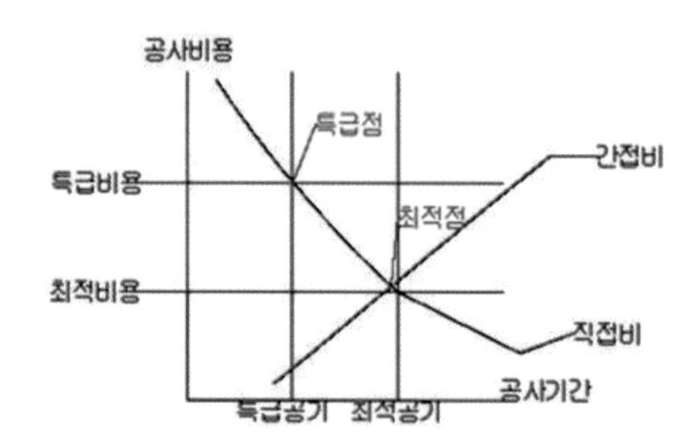

- 공사진행 속도와 예정된 공사 일정을 비교 검토하면서 공사진행을 허용 범위 안에서 위치 하도록 관리하는 방법
- Total cost가 최소가 되는 가장 경제적인 공기

나) 진도관리 순서

1	공사진척 파악	공정표 파악 부분상세 공정표 활용
2	실적비교	공사진척 check 완료작업 → 굵은선 표시
3	시정조치	지연작업 → 원인 파악 공사 촉진 과속작업 → 내용 파악 적합성 여부
4	일정변경	진도관리에 의한 일정 조정

다) Banana 곡선(S-curve)에 의한 진도관리

- 공정 계획선 상하에 허용 한계선을 설치하여 그 한계 내에 들어가게 공정을 조정

- 상하 허용 한계선이 바나나 모양으로 보여 Banana 곡선이라고 함.
- 실시 진도 곡선이 허용 한계선인 안전한 구역 내에 있도록 진도를 관리하는 수단

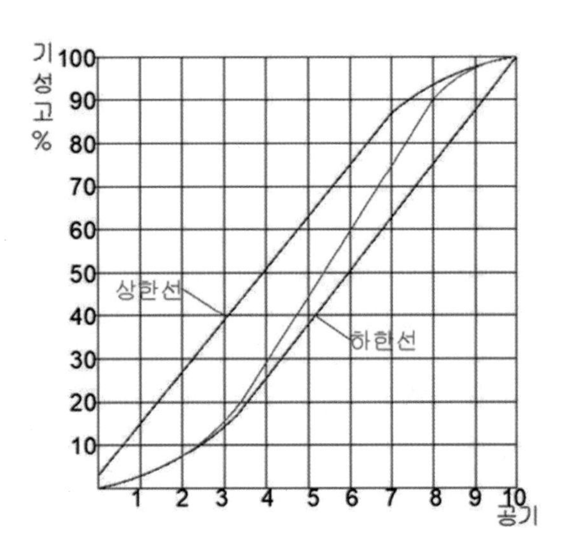

라) EVMS(시간과 비용의 통합관리)에 의한 진도관리

- EVMS는 공정 공사비 통합관리기법으로서 각종 치수를 근거로 현재 진척도와 향후 예측을 정확하게 할 수 있는 종합적인 관리기법
- EVMS에 축적된 자료를 바탕으로 건설공사의 원가관리 견적 공사관리 등을 유기적으로 연결하여 향후 공사 예측을 할 수 있도록 정보를 재이용 가능한 원가 및 진도관리

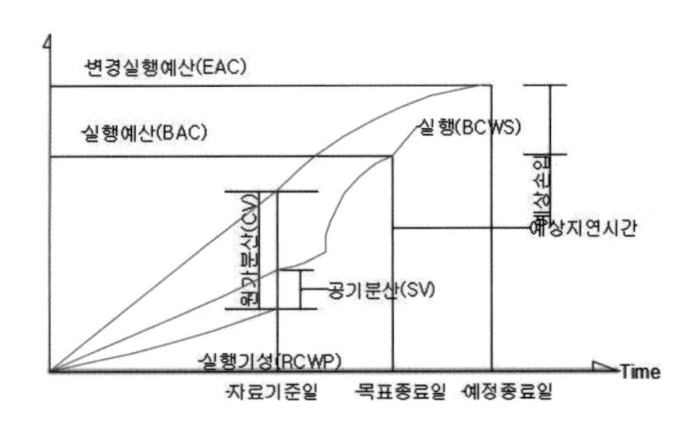

마) 일정계산

① Activity time(작업시간)

- 일정계산 방법

* 전진계산 ET(EST, EFT)

- 작업의 진행방향으로 진행한다.

- 최초작업은 0이다.

- EST+소요일수=EFT

- 복수의 작업이 만날 때는 최대값을 적용한다.

* 후진계산

- 작업의 역방향으로 진행

- 최종 LFT=최종 LST

- LFT-소요일수=LST

- 복수의 작업이 만날 때는 최소값을 적용한다.

② 여유시간

TF	EST로 시작 LFT로 완료 시 생기는 여유 시간 TF=LFT-EFT	뒤쪽△ - (앞쪽□ + D)
FF	EST로 시작 후 속도 EST로 시작해도 발생 여유 시간 FF=후속작업 EST-그 작업의 EFT	뒤쪽□ - (앞쪽□ + D)
DF	후속작업의 TF에 영향을 끼치는 여유 시간 DF=TF-FF	뒤쪽△ - 뒤쪽□ (TF-FF)

바) Evente time

① 주공정선의 여러 경로(CP: Critical Path)

- 여러 경로 중 가장 많은 날수를 소모한다.

- 여유시간이 없다.

- CP는 복수의 경로가 존재할 수도 있다.

- 더미가 CP가 될 수도 있다.

- 개시 결합점에서 종료 결합점까지 연결되어야 한다.

◆ 예문

[문제] 지금까지 배운 것을 바탕으로 데이터를 보고 공정표를 작성하고 각 작업의 여유시간을 구하고 또한 이를 횡선식 공정표로 전환하시오.

작업	선행작업	소요일수	비 고
A	없음	5	EST LST / LFT EFT / 작업명 작업일수
B	없음	6	주공정선은 굵은선으로 표시 (단 bar chart로 전환하는 경우)
C	A	5	
D	A, B	2	
E	A	3	: 작업일수
F	C, E	4	: FF
G	D	2	
H	G, F	3	DF는 점선으로 표기

◆ 공정표 작성

- 전진계산

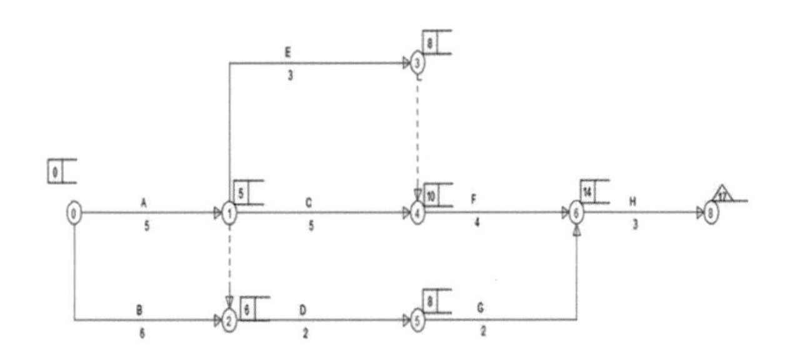

TF	뒤쪽△ - (앞쪽□ + D)	더미는 더미 완료시점 Event △, □기준계산
FF	뒤쪽□ - (앞쪽□ + D)	
DF	뒤쪽△ - 뒤쪽□, (TF - FF)	

- 후진계산

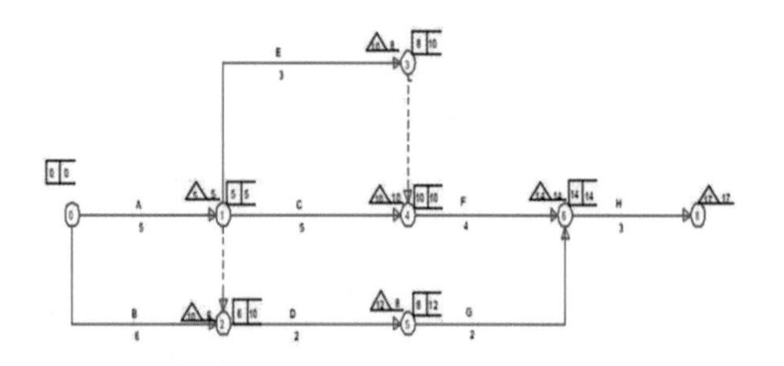

▶ 숫자 4개가 동일한 것이 주공정선 CP다.

▶ 여유시간 계산

▶ CP(Critical Path)는 TF FF DF 모두가 0인 것

2 시공상세도 작성

시공상세도는 현장대리인 또는 분야별 팀장이 그리는 실시도면으로 스케치 또는 3D, 2D 도면으로 물량산출 가능한 도면이라야 한다. 국내 목조주택 규모가 큰 업체들은 설계실이 별도로 있어 설계실에서 시공상세도를 그려서 팀장들에게 배부하며 소규모 업체들은 목수 팀장이 스케치로 직접 그려 팀원들에게 설명하여 자재의 낭비를 막는다.

가. 준비물

자료: 시공계획서, 자재 장비 인력 투입계획서, 물량산출 내역서, 공정표, 도면 및 시공도
장비 공구: 컴퓨터, Excel프로그램, CAD프로그램

나. 현장 시공상세도(실제 현장 사진)

1) 소규모 업체에서는 목수팀장이 샵드로잉으로 시공상세도를 작성하여 팀원들에게 시공도를 가지고 설명하므로 시공의 오차와 자재의 낭비를 막고 효율적인 공사를 진행하기도 한다.

2) 사무실에서 캐드프로그램으로 상세도를 작성하여 현장팀에 전달하여 시공하기도 한다.

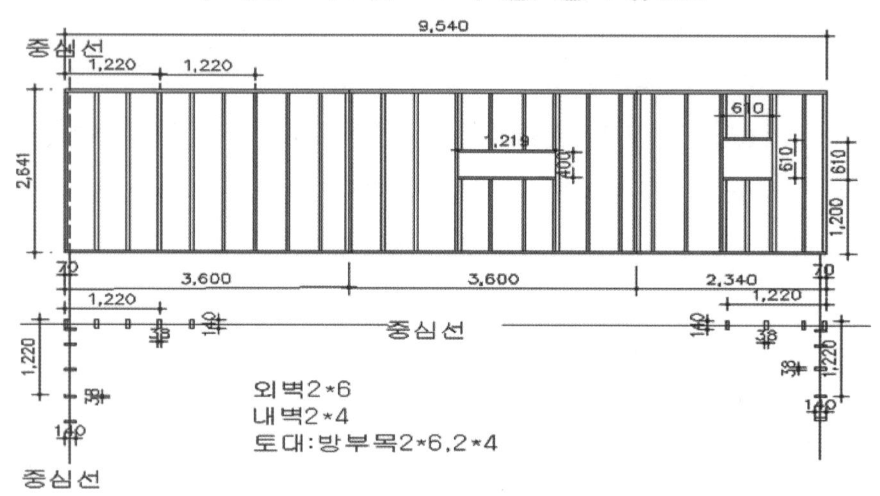

3 인력/자재 투입 및 발주

가. 자원관리

공정표상의 선후관계를 유지하면서 시공상세도를 참고하여 필요한 자재를 시기 적절하게 분배하고 자원 5M을 효과적으로 관리하여 지정공기 내에 완성하도록 일정계획을 수립하는 작업을 말한다.

* 자원 5M: 자재관리, 자금관리, 장비관리, 노무관리, 공사관리

나. 자원관리의 필요성

1) 자원의 균형적 배분에 대한 계획을 수립하고 필요 이상의 자원 낭비를 막는다.
2) 작업 시 시공상세도를 참고하여 자원의 효율화를 극대화한다.
3) 공정표를 기준으로 인력투입 시기를 판단하여 노무관리를 효율적으로 한다.
4) 공사비용을 최소화하고 지정공기 내에 완성한다.

* 필요 이상의 공기를 단축하면 직접비용이 증가하고 공사의 부실화가 우려된다.

다. 자원관리계획에 포함할 내용

1) 자재관리계획
2) 자금관리계획

3) 장비관리계획

4) 노무관리계획

5) 공사관리계획

4 장비도구 점검

세부공정표에 따라 자재발주가 되고 나면 현장에 투입될 장비 도구 점검이 필수이다. 이번 과정에서는 목조주택 작업도구들을 알아보고 앞으로 목조주택시공에 사용될 작업도구들을 알아보기로 한다.

가. 수공구 사용법

1) 망치(빠루망치)

가) 보통 목공용 망치라 함은 그림에서 보는 것과 같이 빠루 망치를 말한다. 이러한 망치를 선택하거나 고를 때는 그림 같이 평면상에 세워 놓고 망치의 면이 바닥과 평면을 유지하고 어느 한쪽 부분이 뜨거나 틈이 생기는 것은 선택하면 못을 박을 때 못이 구부러진다.

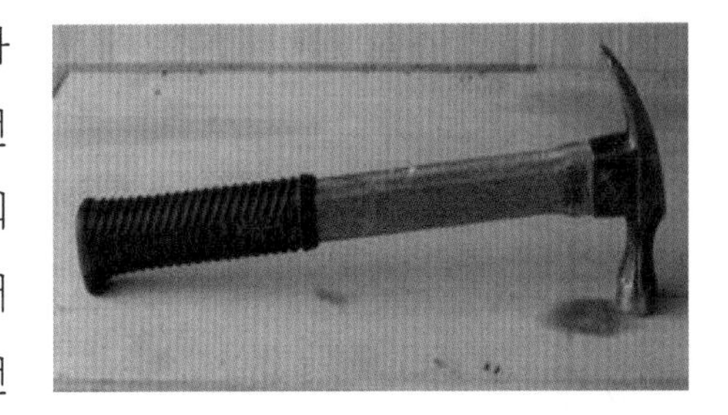

나) 사용법

- 대개 망치 자루의 길이는 외장용은 40~45㎝ 정도이며 내장용은 30~35㎝이다. 망치를 쥘 때는 오른손으로 가볍게 자루의 끝(고무)부분을 가볍게 쥐고 손목이 아닌 팔을 이용하여 힘 있게 내리쳐 박는다.
- 처음 못을 부재에 고정시킬 때는 앞(전면)쪽으로 7도 정도 기울여 왼손으로 못을 잡고

바른손으로 가볍게 때려 고정시킨 다음 왼손을 놓고 힘 있게 박는다. 손이 닿지 않는 높은 곳에는 망치의 빠루 부분에 못을 끼운 다음 팔을 높이 쳐들고 부재에 못을 고정시킨 다음 박는다.

- 난간이나 한 손으로 물체를 잡고 몸의 균형을 유지하며 한 손으로 못을 박을 때는 망치 자루 측면 부분에 못의 머리를 대고 바른손으로 부재에 못을 고정시키고 못을 박는다.

2) 톱(양날톱, 일회용톱)

건축목공이 사용하는 톱은 1980년 중반까지는 외장목수는 양날톱, 내장목수는 일회용 톱 또는 등대기톱(도스키)를 사용했으나 최근에는 일회용 톱을 사용하고 있다.

가) 일회용톱

오늘날 내·외장 목공들이 가장 많이 사용하는 톱으로 270, 330날이 있으며, 날을 갈지 않고 무디어지면 날만 교체하여 사용하기 때문에 일회용 톱이라고 한다.

나) 양날톱

톱날이 거칠고 큰 날은 세로켜기용 날이고 부드럽고 작은 날은 가로 자르기용 날이다. 양날톱은 줄(야스리)로 갈아서 사용하며 톱날이 다 닳을 때까지 사용할 수 있다.

다) 사용법

왼손으로 톱자루의 목을 쥐고 힘의 강약을 조절하고 바른손은 톱자루의 끝을 잡고 자르는 방향을 조정한다. 먼저 마름질한 부재에다 톱날을 갖다 대고 전방으로 살짝 밀어 톱날을 안착시킨 다음 왼손에 강약 조절을 하며 앞으로 당겨서 자른다.

3) 곱자(사시가네)

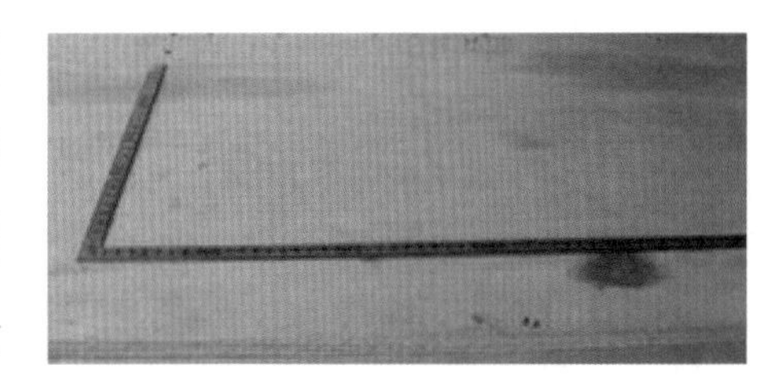

건축목공, 즉 내·외장 목공 및 한옥 목수들이 가장 많이 사용하는 공구로써 부재(각재, 기둥)을 마름질할 때 사용하는 공구이며 주로 부재의 방향에서 직각 방향의 선을 긋는 데 사용한다.

4) 줄자

줄자는 건축물을 실측하거나 부재의 길이를 측정하는 데 사용한다. 외장 목수는 주로 7.5m 자를 쓰고 내장 목수는 5m 자를 많이 사용한다. 줄자는 물에 취약하며 내부에 먼지나 이물질이 들어가면 고장이 나서 못 쓰게 되므로 사용상에 주의가 요망된다.

5) 대패

가) 종류

길이에 따라 장대패, 중대패, 단대패로 나누며 용도에 따라 홈대패, 면취용 대패, 평대패로 나뉠 수 있다.

오늘날 현장시공보다는 공장제작 시공이 늘어나면서 목공은 주로 평대패를 사용하고 있으며 그중에서도 단대패나 중대패를 주로 사용한다.

나) 대패의 구성

대패날을 고정하면서 규준대 역할을 하는 대패집, 목재를 깎는 대패날, 거스러미를(대패밥) 방지하는 덧날, 대패날을 고정하는 날받침으로 구성되어 있다.

다) 대패 사용법

- 대패날 빼기

왼손으로 대패집을 쥐고 바른손으로 망치를 쥐고 대패집의 머리 부분의 좌, 우측을 가볍게 때리면 대패날이 빠지며 이때 머리의 중앙 부분을 때리면 대패집이 깨질 우려가 있으니 주의해야 한다.

- 대패날 갈기

이가 빠졌을 경우는 그라인더에 먼저 갈고 숫돌에 간다. 숫돌에 대패날을 갈 때는 숫돌과 대패날의 각도가 약 38.5도 정도가 되게 세워서 대패날 끝부분이 평행하게 되도록 하여 거친 숫돌에 갈고 난 뒤 고운 숫돌에 연마한다. 연마 정도는 대패날로 면도를 할 수 있을 정도로 갈면 된다.

- 대패날 맞추기(오사이 맞추기)

먼저 대패날을 대패집에 끼우고 손으로 잡고 망치로 살살 때린다. 다시 덧날을 끼우고 빠지지 않을 정도로 망치로 때린다. 왼손으로 대패집을 뒤집어 잡고 대패집의 끝단 부분을 망치로 두드리면서 대패날이 대패집 바닥면으로부터 0.3㎜ 정도 나오도록 평행하게 맞춘다. 이때 대패날이 평행을 맞추기 위해서는 대패날 머리 부분 측면을 살짝 때려 맞추기도 한다.

6) 끌

가) 끌은 각종 호소를 파는 데 사용하는 공구이나 오늘날 공장 제작이 보편화되면서 내·외장 목수들은 그다지 많이 사용하는 공구가 아니다. 다만 목문 설치 시 15㎜, 23㎜끌을 사용하여 손잡이를 설치하거나 33㎜끌을 사용하여 경첩을 설치하기도 한다.

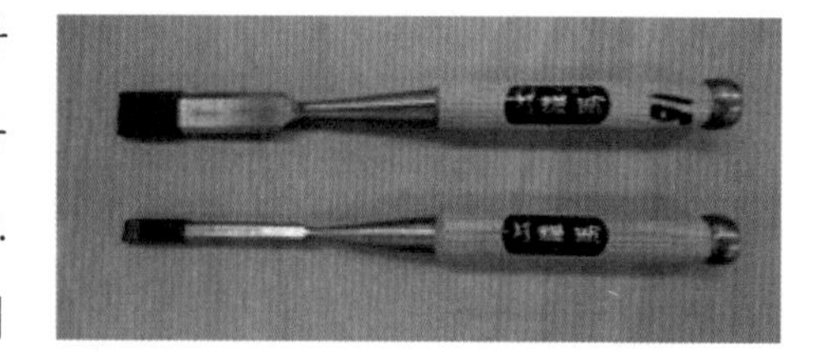

나) 사용법

끌은 날 부분과 목 부분, 자루 부분, 자루머리 부분으로 구성되어 있으며 날 끝부분은 앞날과 뒷날이 있고 뒷날 부분은 30도 정도 경사를 이루고 앞날 부분은 일직선으로 수직을 이루고 있다. 수직으로 된 부분은 수직으로 파는 수직파기에 사용하고 경사 부분인 뒷날은 부재를 따내는 방향으로 호소를 파낸다.

7) 먹통 및 라인마크

가) 먹통

내·외장 목수나 관리자들이 가장 많이 사용하는 수공구 중의 하나이며 선(라인)을 표시하거나 부재를 마름질할 때 또는 건축물의 높이 평면 구성의 중심선을 마킹하는 데 사용한다.

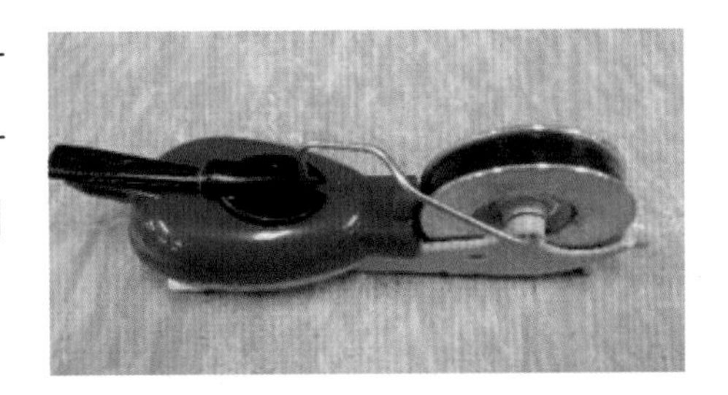

나) 라인마크

우리말로는 가루먹통이라고 하는 것이 정답이다.

먹물 대신에 분말을 넣어 사용함으로 도장을 해야 할 부분이나 지워야 할 부분은 먼지털이로 털어 버리면 지워진다. 특히 인테리어 목수들이 많이 사용한다.

다) 사용법

한 사람은 먹줄의 끝부분 먹침 부분을 잡고 한 사람은 먹통의 몸통 부분을 잡고 팽팽하게 당긴 다음 한 손으로 먹줄을 수직 또는 수평으로 당겼다가 놓는다. 수평·수직이 아니면 먹줄이 휘어져 직선이 되지 않는다. 하절기 먹통이 마른 때에는 먹통의 바퀴 부분에 물을 적시면 된다. 간혹 먹물을 담는 먹통에다 물을 붓는 사람이 있는데 먹통에 물을 부으면 먹줄이 흐리고 손이나 바닥에 먹물이 떨어져 주위를 오염시킨다.

8) 기타 수공구

ㄱ자, 연귀자, 그무게(게빗기), 홈대패(기아간나) 등이 있으나 오늘날 건축 목공이 사용하지 않는 공구들로써 설명을 생략한다.

나. 전동공구 사용법

1) 원형톱(스킬)

가) 구조 및 특성

- 휴대용 원형톱은 전동기, 회전톱날, 테이블 안전커버 손잡이 등으로 구성되어 있다.
- 먹매김 후 먹선을 따라 직선 자르기 규준대를 이용한 직선 자르기, 45도 경사 자르기를 할 수 있으며 건축 목공 기계공구 중 가장 많이 사용되는 공구이다.
- 절단 깊이를 조정한다. 조정레버를 풀고 지지판을 조정하여 절단 깊이를 절단면 눈금척에 맞추고 조정레버를 잠근 다음 절단한다.
- 부착된 규준대를 이용하여 부재의 한 면 축과 평행하게 절단할 수 있다.

나) 사용 시 주의사항

- 공구에 습기나 물기에 접촉해서는 안 된다.
- 안전장치 없이 사용을 해서는 안 된다.
- 개폐식 톱날 덮개는 완전히 고정시키지 않는다.
- 공구를 사용하지 않을 때는 반드시 전원 플러그를 뺀다.
- 작업장 주위를 정돈하여 장애물이 없도록 한다.
- 절단 속도는 톱날이 먹어 들어가는 속도에 맞추어 자연스럽게 한다.
- 스위치를 켜고 속도가 완전히 붙은 상태에서 절단면에 접촉시킨다.

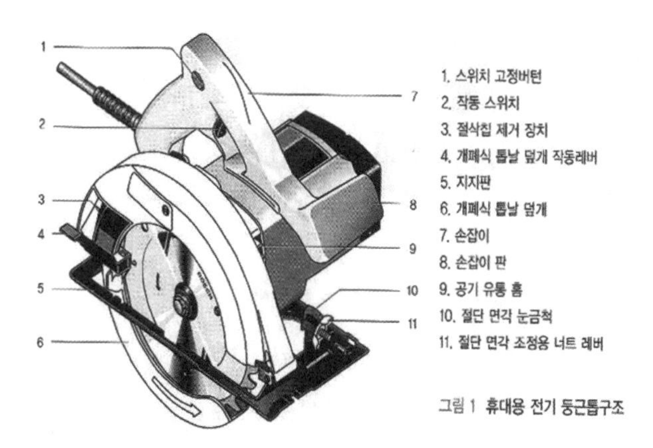

그림 1 **휴대용 전기 둥근톱구조**

2) 휴대용 전기대패

가) 종류 및 특성

- 휴대용 대패는 3인치, 5인치, 6인치가 있는데 인테리어 목공은 3인치를 주로 쓰고 경량 목조 외장 목수는 5인치 대패를 쓰고 한옥목수는 6인치나 5인치를 주로 사용한다.
- 실내 건축 인테리어 목공은 문을 달 때나 카운터 제작 및 홈바장 제작 등에 사용하나 그다지 많이 쓰는 공구는 아니다.

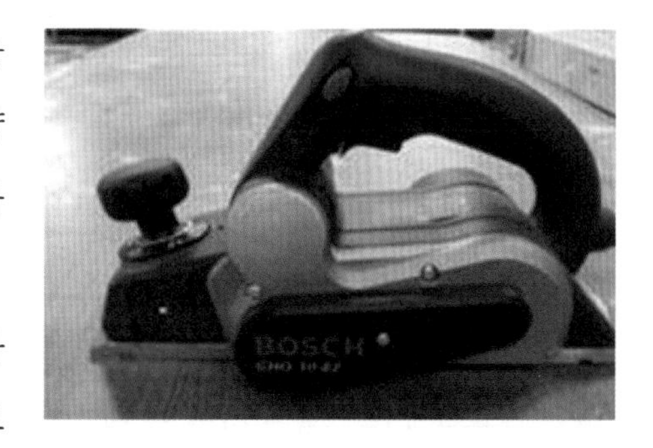

나) 구조

3인치 대패는 75㎜ 정도의 평면 대패질이 가능하고 넓은 평면은 겹쳐 밀어도 대패면이 평탄하지 못하고 대패자국이 남기 때문에 넓은 판재가공은 불가능하다. 5인치, 6인치 대패는 부재의 직선방향에서 10도 정도의 각도로 겹쳐 밀게 되면 아무리 넓은 판재도 평탄하고 매끈하게 가공할 수 있다.

다) 사용법

- 대패날 조절기를 사용하여 날 깊이를 조정하는데 이때 1㎜ 이상 깊이로 밀게 되면 면이 거칠고 대패가 고장날 수도 있다.

- 스위치를 작동하고 회전속도가 정상 속도가 되었을 때 부재에 접촉시켜 처음부터 끝까지 균등하게 힘을 주어 민다.
- 왼손은 대패날 조절기를 잡고 바른손은 손잡이와 스위치를 동시에 잡고 대패질한다.

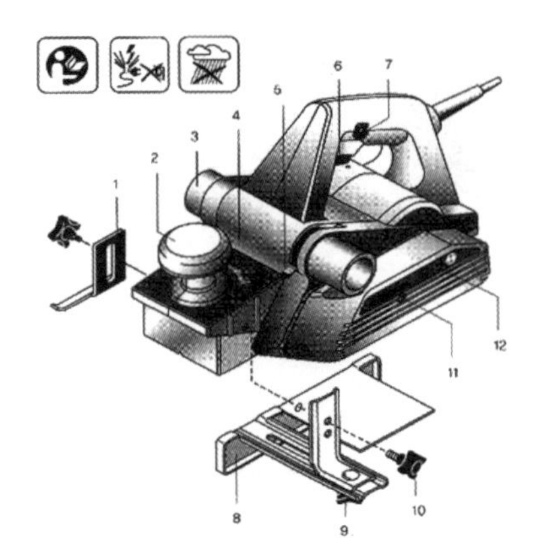

3) 드릴

가) 전기드릴

건축목공에 있어 드릴은 주로 문짝 설치 시 또는 스크류 볼트를 박거나 뺄 때 사용한다. 문짝 설치 시에는 57㎜ 홀스와 23㎜ 홀스를 가지고 구멍을 뚫어 실린더 손잡이를 설치한다.

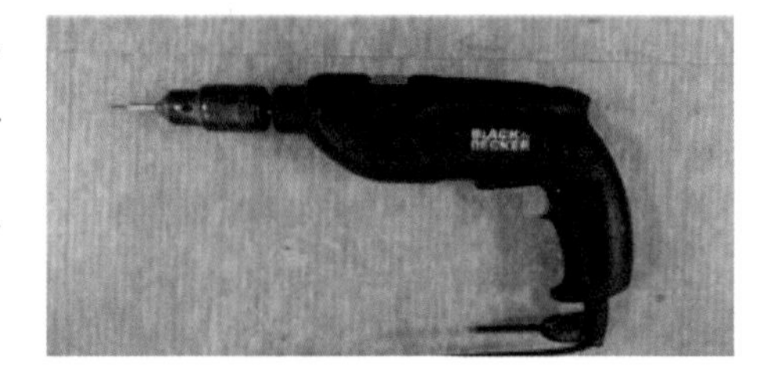

나) 전동드릴은 주로 나사못(피스)을 박거나 뺄 때 사용한다.

4) 재단기(톱 작업대)

가) 내, 외장 목수 공히 필수품 중에 하나이다. 보통 휴대용 원형톱 9인치를 달아서 사용한다. 작업대는 휴대용을 사용하거나 합판과 각재로 현장 제작하여 사용한다.

나) 사용법

규준대를 설치하여 합판재단용으로 사용하며 길이방향으로 평행하게 또는 사다리꼴 모양으로도 재단 가능하다.

다) 자세는 톱을 중심으로 규준대 반대쪽에서 10-20도 대각 방향으로 톱이 들어가는 속도에 비례하여 힘을 주어 밀어서 재단한다.

라) 주의사항

- 반드시 손 접촉 방지 안전덮개를 설치한다.
- 작업장 주변을 정리정돈하여 장애물이 없도록 한다.
- 스위치를 켜고 정상 회전속도가 되었을 때 부재를 접촉시킨다.
- 부재를 재단 중에 끼임이 있을 때는 규준대를 수정하여 정확하게 재단이 되도록 한다.
- 부재를 재단 중에 잡담이나 자세가 흐트러지는 행동은 금한다.

5) 각도 컷팅기

종류로는 10인치 몰딩전용이 있고 슬라이딩 10인치와 12인치가 있는데 대부분의 건축목공은 10인치 슬라이딩을 가장 많이 사용한다.

슬라이딩 컷팅기

가) 사용법

평면상에 부재를 놓고 직각으로 절단할 수 있고 수평 방향 좌우 45도로 절단할 수 있다.

나) 수직방향 좌측으로 45도까지 절단할 수 있다. 주로 몰딩이나 알판 재단용으로 사용되며 각재 절단용으로도 사용된다.

다) 스위치를 켜고 정상 회전속도가 되었을 때 부재를 순간적으로 절단한다.

라) 특히 우레탄몰딩의 경우 천천히 절단하면 절단면이 녹는다. 안전커버를 고정시키지 말아야 한다.

마) 톱날에 손 접촉을 금지한다. 크라운(갈매기) 몰딩은 부착하는 방향 즉 45도로 세워놓고 각도기의 방향을 좌우로 돌려 45도로 재단하는 방법과 수평방향으로 놓고 수평각도 31.6도, 수직각도 32도에 놓고 재단하는 두 가지 방법이 있다.

바) 여러 명이 동시에 각기 다른 작업을 할 때는 45도로 세워서 절단한다.

6) 지그톱(직소우)

곡선이나 원형, 자유형 등을 재단할 때 사용한다. 많이 쓰는 공구는 아니지만 카운터나 기타 공작물 제작 시에 가끔 사용된다.

다. 에어공구 사용법

1) 콤푸레샤

가) 구조 및 특성

- 콤푸레샤는 에어탱크와 전동기, 압축기로 구성되어 있으며 내, 외장 목공은 보통 3HP 또는 2.5HP를 많이 사용한다.
- 2.5HP: 2~3명이 사용가능하고 그 이상의 인원이 사용하면 모터(전동기)가 쉴새 없이 작동되어 모터가 타 버릴 수 있다.

나) 3HP: 에어 카플러 2구 또는 3구를 사용하여 5~6명까지도 사용할 수 있다.

다) 사용법

- 스위치를 켜고 압력조정 밸브를 조작하여 압력게이지 적색 눈금 경계선에서 콤푸레샤 작동이 멈추도록 조절한다.
- 전원과 콤푸레샤의 거리가 멀면 전압이 떨어져 콤푸레샤 작동이 되지 않을 수도 있어 가급적 전선이 굵은 것(용량이 큰 것)을 사용한다.
- 전선이 너무 길어 여유가 많을 시 여유량을 뭉쳐서 놓거나 묶음으로 말아 놓으면 열에 의해 전선이 타거나 감전사고가 일어난다.
- 1개월에 1~2회 정도 에어탱크 하단부에 있는 배수 밸브를 열어 물을 빼 준다. 물을 빼지 않으면 에어공구 사용 시 물이 묻어 나오기도 하고 특히 동절기에는 탱크 내부가 얼어 콤푸레샤 작동이 되지 않으며 심한 경우 에어탱크가 터지는 경우도 있다.
- 연결 카플러는 수시로 점검하여야 한다. 작업 도중 연결호스가 빠져 안전사고가 나기도 한다.

2) 타카

예전에 못으로 부재를 접합하던 것을 오늘날 건축목공들은 에어 공구, 즉 타카로 접합하며 그 종류 또한 수도 없이 많으나 여기서는 건축목공이 주로 사용하는 타카를 알아보기로 한다. 422 타카, F30 타카, 630 타카, 64 대타카를 사용한다.

가) 422 타카

사용되는 핀은 스테풀형이며 폭이 4㎜ 길이가 22㎜이므로 422이라 부르며 핀의 종류는 422, 415, 49, 46 등이 있다.

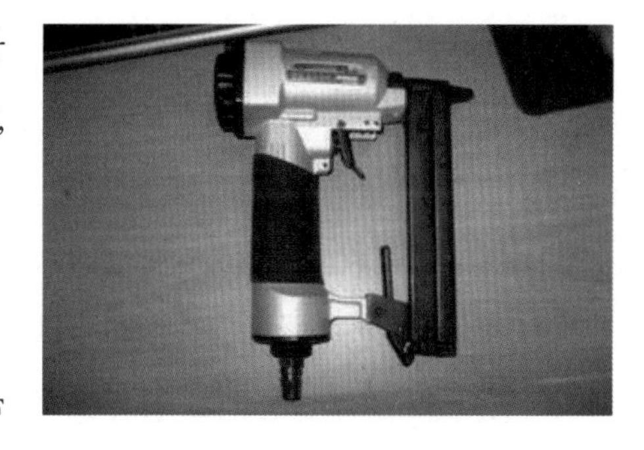

나) 용도

422핀 석고판을 붙이거나 5㎜ 이하 합판 MDF

등 얇은 판재를 취부 시에 사용한다. 49, 46 핀은 주로 이미지월 부분에 사용되는 패브릭 원단을 붙일 때 사용한다.

다) F30 타카

사용되는 핀은 F30이라 부르며 일자형이며 길이가 30㎜이며 F30 타카에 사용되는 핀은 F30, F20, F15, F9 등 다양하다. 9㎜ 이상 두꺼운 판재를 취부 시에 사용하며 특히 마감 면이 깨끗하여 인테리어 공작물 제작 시에 사용한다.

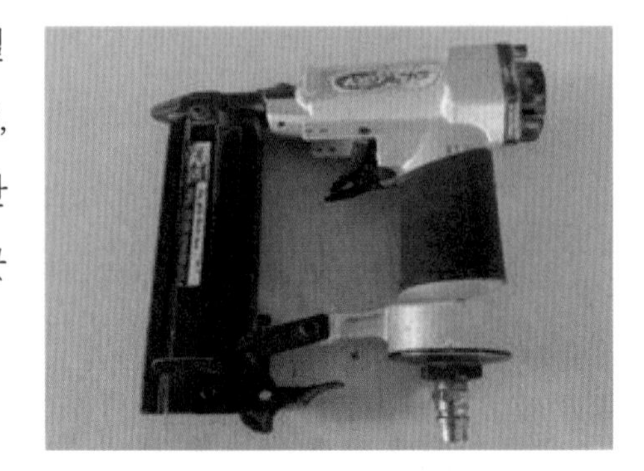

F-30 타카

라) 630 타카(실타카)

- 일명 실타카라고 부르기도 하며 핀이 바늘처럼 가늘며 길이가 30㎜, 25㎜, 20㎜, 18㎜, 15㎜, 9㎜, 6㎜ 등 다양하다.
- 부재의 두께에 따라 길이가 다른 핀을 사용하기도 하고 최근에는 노출 시 멘트보드 접합용으로 스텐 재질로 된 핀이 사용되기도 한다.

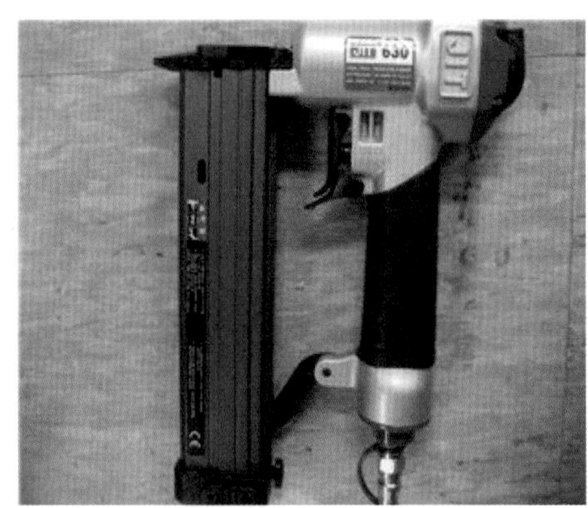

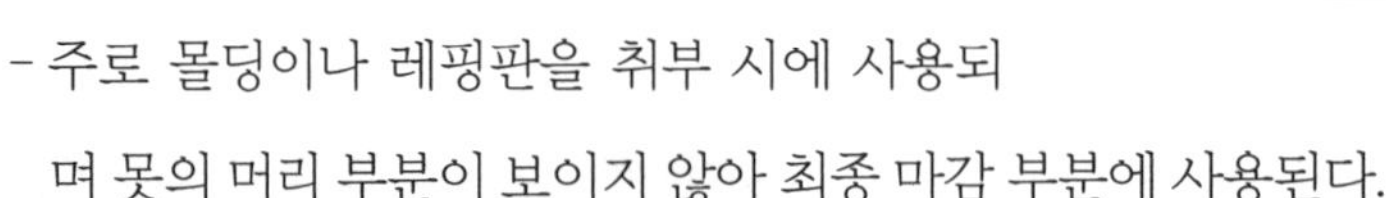

- 주로 몰딩이나 레핑판을 취부 시에 사용되며 못의 머리 부분이 보이지 않아 최종 마감 부분에 사용된다.

마) 64 대타카(왕타카)

- 사용되는 핀은 DT핀과 ST핀이 사용되며 핀의 길이는 64㎜~18㎜로 부재의 두께에 따라 사용되는 핀의 길이 또한 다양하다.
- DT핀은 목재와 목재를 접합 시에 사용된다. 주로 벽틀 또는 반자틀 제작 시에 사용되

는 핀이다.

- ST핀은 목재를 콘크리트에 접합시나 목재를 강재에 접합 시에 사용되는 핀이며 재질은 스텐으로 되어 있다.

바) 레일건

목조주택에서는 레일건이 필수 장비이다. 구조체공사에서 사용하는 못총으로 최대 90㎜ 못을 박는 타정기로 구조목의 두께가 38㎜로 일반 64 타카로는 접합이 불가능하다. 붙이는 부재의 두께보다 못의 길이 1/2~2/3 정도가 고정된 부재에 박혀야 못의 부착력이 제대로 발휘된다.

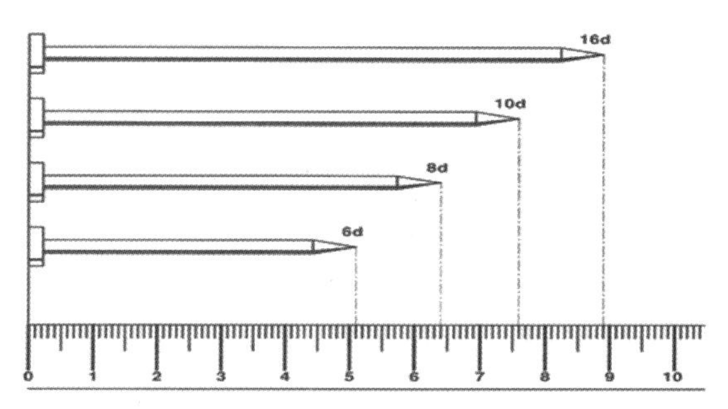

레일건용 못

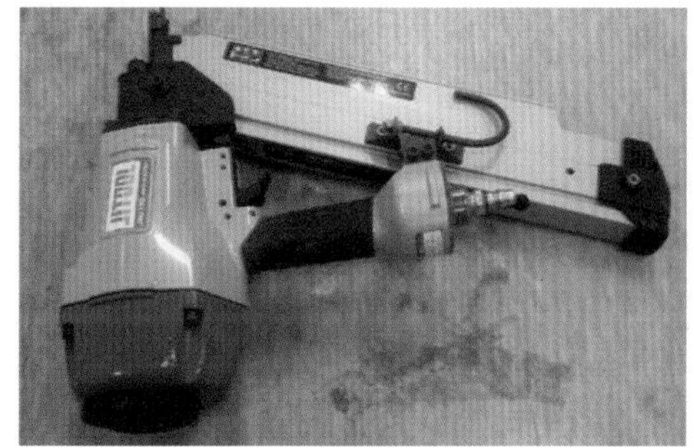

레일건

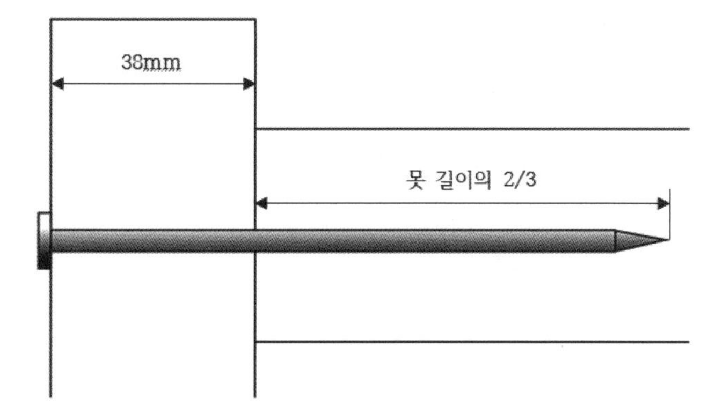

사) 타카 공구 및 레일건 사용법 및 안전수칙

- 사용 전 또는 사용 후 장비상태 점검을 하고 월 1회 정도 에어호스 연결구를 통하여 한 두 방울의 윤활유를 주입한다.
- 작업 도중 이동 시는 총구가 항상 지면을 향하게 하여 이동한다.
- 최근에 생산되는 모든 타카는 안전장치가 부착되어 있으나 손에 들고 있는 상태에서 어떤 물체나 사람에게 부딪히면 자신도 모르게 격발되어 안전사고가 발생하기도 한다.
- 공구에 맞지 않는 핀을 사용하면 고장의 원인이 되므로 공구에 맞는 핀을 사용해야 한다.
- 용도에 맞게 사용해야 한다. 목재 접합 시에 사용하는 DT핀을 콘크리트나 강재에 사용하면 고장의 원인이 된다.
- 작업장 주위는 항상 정리정돈하여 장애물이 없도록 한다.
- 목재와 목재를 접합하는 데 ST핀을 사용하면 하자의 원인이 되기도 한다.
- 사용하고 난 공구는 에어호스를 분리하고 정리정돈을 해야 한다.
- 모든 작업장 주위는 출입금지구역을 설정하고 관계자 외 출입 금지시키고 작업 지휘자를 배치한다.

라. 측정공구 사용법

1) 수평자(수평대, 목수평)

가) 알루미늄 또는 목재로 막대형이며 중앙부에 수평 수직 물반이 있어 수직수평을 측정할 수 있는 공구이다.

나) 길이는 400㎜ 이하 짧은 것부터 최대 2,000㎜까지 길이별로 다양하다.

2) 물수평(물호스, 미스무리)

가) 직경 10㎜ 정도의 투명 비닐호스에 물을 채운 다음 두 사람이 잡고 물은 수평을 유지하는 원리를 이용하여 수평을 측정한다.

나) 이동 시에는 물 호스의 한쪽 끝부분을 꺾어서 쥐고 이동하면 물이 넘치는 것을 방지할 수 있다.

3) 다림추(구심추, 사게부리)

가) 수직을 측정하거나 규준틀(야리가다)을 설치하고 규준틀에 의해 결정된 라인을 바닥면에 표시할 때 사용되는 기구이다.

4) 레벨기

가) 레벨기의 구성

- 레벨기계, 삼각대, 스타프(자대)로 구성되어 세트를 이루고 있다.
- 사용 용도는 건축공사시 기준점설치 및 건축물 높낮이 측정을 할 수 있고 경우에 따라서는 스타디아 측량으로 거리나 각도 측정을 할 수 있는 장비이다.
- 건축공사에는 필수적인 장비이다.

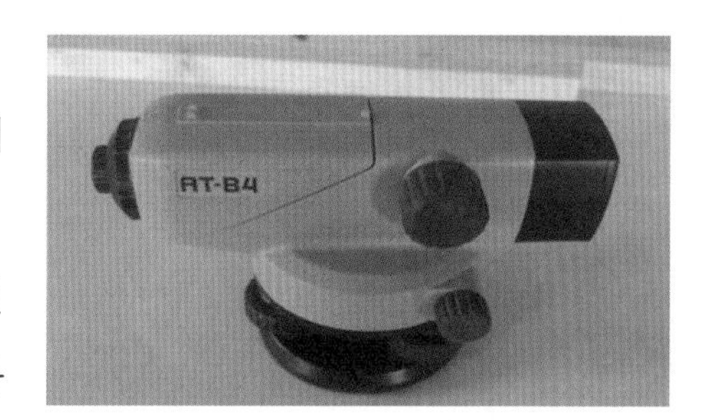

5) 레이저 레벨기

가) 실내건축 공사에서 필수적으로 사용되는 수직 수평 측정공구이며 최근에는 야외에서, 즉 일반건축공사 현장에서 사용할 수 있는 수직수평 및 거리측정을 동시에 할 수 있는 것도 있다.

나) 보통 내부공사용은 1.5V 건전지 3~4개가 들어가며 적색 광선에 의해 수직수평을 측정하며 오토형식으로 되어 있다. 실내용 레이저 레벨은 일사량이 많은 야외에서는 사용이 불

가능하다.

다) 충격을 주거나 들고 다니면서 이리저리 흔들면 축이 돌아가서 고장의 원인이 된다.

라) 사용 후는 반드시 스위치를 끄고 케이스에 넣어서 이동하거나 보관해야 한다.

5 반입자재 자재승인 요청 및 자재검수

가. 자재승인요청서

현장에 반입되는 모든 자재는 건축주 또는 발주자로부터 승인을 받고 사용하는 것이 원칙이다.

<table>
<tr><td colspan="4" align="center">자 재 승 인 요 청 서
 2016.2.16. 공사명: 인천북부 교육청 민원실 리모델링공사</td></tr>
<tr><td>요청번호</td><td>01</td><td>제작사</td><td></td></tr>
<tr><td>자재명</td><td colspan="3">경량천정틀, 석고보드, 소송각재,
래핑몰딩, 마이톤큐브</td></tr>
<tr><td>시방서</td><td></td><td>도면</td><td></td></tr>
<tr><td rowspan="4">제출서류</td><td colspan="3">1.구매문서, 카달로그, 공급자 사업자등록증사본</td></tr>
<tr><td colspan="3">2.세금납세증명, 시험성적서, 납품신지증명</td></tr>
<tr><td colspan="3">3.시험성과대비표, 공장등록증, 공급자표준인증서</td></tr>
<tr><td colspan="3">4. 시공자평가결과</td></tr>
<tr><td colspan="4" align="center">상기공급원 및 대상 자재에 대한 승인을 요청하오니
승인을 하여 주시기를 바랍니다.
 현장소장 배영수 인 </td></tr>
<tr><td rowspan="2">평가결과통보서</td><td colspan="2">문서번호</td><td></td></tr>
<tr><td colspan="2">회신일자</td><td></td></tr>
<tr><td rowspan="2">판정</td><td>1. 승인( )</td><td>2. 조건부승인( )</td><td>3. 승인불가( )</td></tr>
<tr><td>4. 수정후 재검수( )</td><td>5. 검수확인( )</td><td></td></tr>
</table>

<table>
<tr><td>종합평가결과

현장 감리원 유동권 인</td></tr>
<tr><td align="center">북부교육청귀중</td></tr>
</table>

나. 자재검수

발주처 또는 감리원으로부터 자재승인을 받고 현장에 반입된 자재를 자재발주서와 동일한 등급인지 여부와 수량 및 규격을 반드시 검수 후에 사용하는 것을 원칙으로 한다.

제6편

가설공사

1 가설공사

건축공사는 시공순서를 정확히 알아야 선후 관계에 맞게 공정간 마찰 없이 공사를 진행할 수 있다. 공사순서로는 가설공사 → 토공사(터파기, 되메우기) → 지정공사 → 기초공사 → 구조체공사 → 지붕공사 → 외부공사 → 내부공사 → 부대공사

가. 가설공사 개요

목적하는 건축물 또는 구조물을 완성하기 위한 일시적인 시설 및 설비의 모든 공사를 말하며, 그 범위는 측량, 지반조사, 줄치기, 수평보기, 규준틀, 가설 울타리, 현장 사무소, 자재 및 기자재창고, 각 직종 숙박시설, 간이 작업장 등의 가설 건물과 각종 기계설비, 동력, 가설 운반로, 위험, 재해방지, 보강설비 등을 말한다. 이는 본 공사를 위해 일시적으로 행해지는 시설 및 설비로서 공사가 완료되면 해체, 철거, 정리되는 임시적인 공사이며, 이러한 가설공사에는 비계, 거푸집, 전기설비 등이 여기에 포함된다.

나. 가설공사의 분류

1) 공통 가설공사: 간접적 역할을 하는 공사

가설물, 가설 울타리, 가설 운반로, 공사용수, 공사용 동력, 시험조사, 기계기구, 운반 등

2) 직접 가설공사: 본 건물 축조에 직접적 역할을 하는 공사

대지측량, 규준틀, 비계, 건축물보양, 보호막설치, 낙하물방지망, 건축물 현장정리, 먹매김등

다. 직접가설과 현장안전

건축공사 현장에서 안전사고가 가장 많이 발생하는 것이 가설비계에서 발생하므로 안전과 직결된 부분은 법률로 규제를 강화하고 있어 반드시 현장에서도 지켜야 한다.

라. 산업안전보건법과 건설기술진흥법

1) 산업안전보건법: 근로자의 안전에 관한 것으로 중대재해법 등으로 강화된 상태이다.
2) 건설기술진흥법: 시설물 안전에 관한 내용으로 주로 직접가설 부분의 법이 강화된 상태이다.
3) 법률: 헌법 → 법률(국회) → 시행령(대통령령) → 부령(장관령) → 시행규칙 및 조례로 구성된다.
4) 법 적용의 원칙
   상위법 우선의 원칙, 특별법 우선의 원칙, 불 소급의 원칙을 적용한다.

2 가설공사의 종류

가. 시멘트 창고

1) 방습적인 창고로 하고 시멘트 사이로 통풍이 되지 않도록 한다.
2) 채광창 이외의 환기창을 설치하지 않고 반입 반출구를 구분해서 반입 순서대로 반출한다.
3) 시멘트는 지면에서 30㎝ 이상 마루에 쌓고 13포대 이상 높이로 쌓지 않는다.
4) 3개월 이상 저장된 포대 시멘트나 습기를 받을 우려가 있다고 생각되는 시멘트는 사용 전 시험을 해야 한다.
5) 시멘트창고 면적: A=0.04×N/n[A=면적 N=시멘트, 포대수, n=쌓기단수(최고 13포대)]
   1,800포 초과 시 N=1/3만 적용

나. 기준점(Bench Mark) 및 규준틀

1) 기준점
   가) 건축공사 중 높이의 기준이 되도록 건축물 인근에 설치하는 표식
   나) 바라보기 좋고 공사의 지장이 없는 곳에 설치
   다) 건물 부근에 2개소 이상 지반면(GL)에서 0.5~1m 정도 위치에 설치한다.
   라) 공사착수 전에 설정하며 공사 완료까지 존치한다.
   마) 현장일지에 위치를 기록해 둔다.

2) 규준틀

가) 수평규준틀: 기초 파기와 기초 공사 시 건물 각부의 위치, 높이, 기초너비, 길이를 결정하기 위한 것으로 이동 및 변형이 없도록 견고하게 설치한다.

나) 세로규준틀: 조적공사에서 높낮이 및 수직면의 기준으로 사용하기 위한 것으로 이동이 없도록 유지관리에 주의한다.

★ 현장에서 소규모 건축공사는 대부분 줄자를 이용하여 피타고라스 정리를 이용한 직각잡는 법을 이용하고 중규모 이상 건축물은 트랜싯 또는 광파기를 이용하기도 한다.

위 그림과 같이 규준틀을 설치하여 대지 위에서 건축물의 위치를 정확하게 표시하여 터파기를 하고 기초공사가 완료될 때까지 존치되어야 한다. 기초 콘크리트 타설 후에 규준틀에 의하여 먹매김 후 구조체 공사를 하기 때문이다.

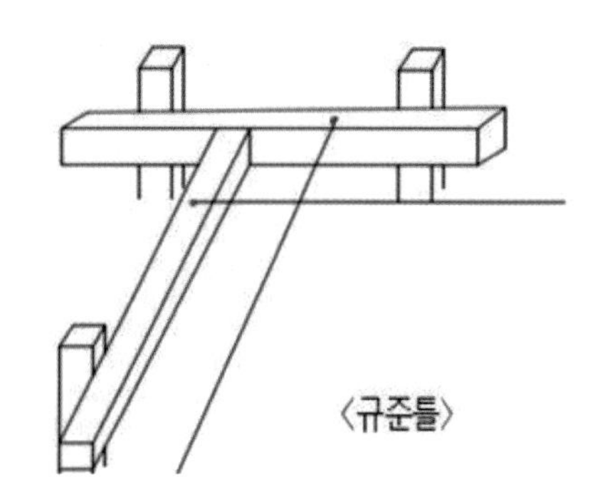

〈규준틀〉

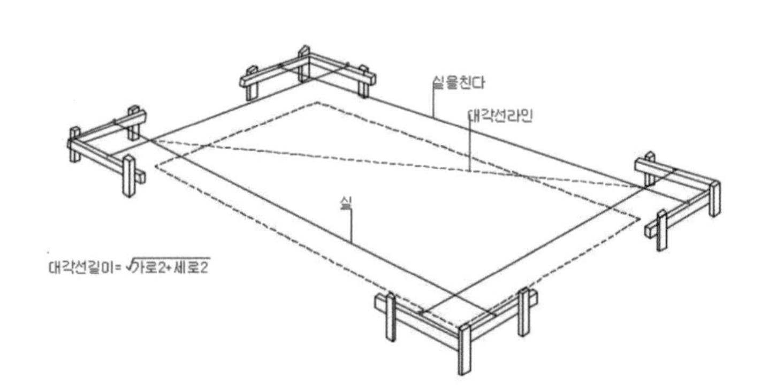

다) 직각은 3. 4. 5법칙이나 피타고라스 정리를 이용하여 결정한다.

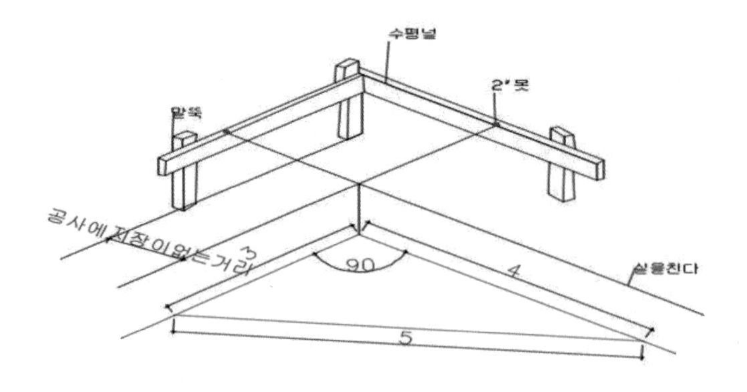

★ 가설공사 대부분은 건축공사 현장안전에서 이미 소개가 되었으므로 생략하고 본 공사인 토공사부터 목조주택 완공까지 다음 과정에서 공부하기로 한다.

제7편 토공사

1 터파기 및 지반조사

토공사는 건축물을 시공함에 있어서 기초나 지하실을 구축하기 위해 필요한 지반면까지의 공간을 굴착, 완료한 뒤에 지반면까지 다시 메우는 작업을 가리키는 공사의 총칭이다. 비교적 소규모의 공사에서는 부지정리·지반의 틈처리·구덩이파기·되메우기·흙쌓기·땅고르기·잔토처리 등의 공사를 말한다.

터파기는 건축물을 건설할 때 그 구조물의 일부나 기초를 구축할 경우, 그 부분의 흙을 파내는 것을 말한다. 터파기는 자연상태의 흙을 파 내려가기 때문에 흙의 성질, 형상에 따라서 굴착부위의 붕괴를 방지하기 위한 안전대책을 강구해야 한다. 터파기 할 때는 흙막이지보공을 설치하는 것을 원칙으로 하지만 얕게 파는 경우는 적당한 경사면을 주어 팔 수도 있다.

가. 흙의 성질 및 지반조사

1) 지반의 허용 응력도(단위 KN/㎡) 1ton=10kn

경암반: 4,000	연암반: 2,000
자갈: 300	자갈모래 혼합물: 200
모래 섞인 점토: 100	모래: 100
점토: 100	

가) 흙의 전단강도: 전단강도란 기초의 극한지지력을 파악할 수 있는 흙의 가장 중요한 역학

적 성질

나) 이 밖에도 흙의 예민비, 간극비, 포화도, 연경도 시험 등이 있으나 본 과정에서는 생략키로 한다.

2) 사질 및 점토지반의 비교

가) 사질지반

① 투수계수가 크고 압밀속도가 빠르고 내부 마찰각이 크다.

② 점착력이 없고 전단강도가 크다.

③ 동결 피해가 적다.

나) 점토질지반

① 투수계수가 적고 압밀속도가 느리고 내부 마찰각이 적다.

② 점착성이 있고 전단강도가 적다.

③ 동결 피해가 크다.

3) 지반조사

가) 지반조사법

① 지하탐사법: 터 파 보기, 찔러 보기, 물리적 탐사

② 보링공법: 철관 박아 넣기, 시료채취, 관입시험, 베인 테스트

③ 토질 시험: 불교란 시료 채취

④ 지내력시험: 하중시험

나) 보링

굴착용 기계를 사용하여 지반에 구멍을 뚫어 지층 부분의 흙을 채취하여 지층의 성질을 알아보는 방법

① 수세식: 30m 정도까지의 연질층에 사용

② 충격식: 비교적 굳은 지층에 사용

③ 회전식: 불교란 시료 채취 가능, 가장 정확하게 측정

다) 표준관입시험

① 지내력 측정을 위한 간이시험

② 로드선단에 샘플러를 장착하여 63.5㎏의 추를 높이 76㎝에서 낙하시켜 30㎝ 관입시키는 타격회수 N값을 구하는 수치(0~4 - 몹시 느슨하다, 4~10 - 느슨하다, 10~30 - 보통, 50 이상 - 다진 상태)

라) 베인 시험

① 로드 선단에 금속제의 얇은 +형의 날개를 달아 지반에 박고 회전시켜 진흙의 점착력을 판단하는 기법

② 연약한 점토질 지반의 전단강도를 측정하는 것

마) 지내력 시험(재하판 시험)

예정 기초 저면에 원형 0.2㎡ 정방형 45㎝각을 표준으로 1ton 이하의 무게로 매회 재하하여 허용 지내력도를 구하는 시험

나. 터파기공법 및 종류

1) 오픈컷공법

흙막이 공사를 하지 않고 흙의 자체 중량으로 경사면에 정지하는 각도로 소정의 깊이까지 파내려 가는 것으로 주로 대지의 공간이 여유가 있을 때 터파기 하는 공법이다.

가) 토질에 따른 터파기 경사도(건축법 시행규칙 제26조 제1항 별표7)

토질	경사도
경암 연암	1:0.5 1:1.0

모래	1:1.8
모래진흙	1:1.2
사력질흙, 암괴 또는 호박돌이 섞인 모래질흙	1:1.2
점토, 점성토	1:1.2
암괴 또는 호박돌이 섞인 점성토	1:1.5

* 토지를 굴착 깊이 1.5m 이상인 경우는 별표7 이상의 경사도로 굴착하고 인접 대지의 관계로 경사도가 별표7 미만인 경우는 흙막이 설치를 하도록 동법 제3항에 명시되어 있다.

나) 오픈컷 파기의 특성

① 장점: 공정이 단순하고 소음 진동이 적다. 공사비가 저렴하고 공사기간이 짧다.

② 단점: 지하수 및 우수에 의한 붕괴의 우려, 지수 효과가 적고 차수공법이 필요하다. 연약지반 굴착 시 붕괴의 우려가 있다.

③ 대상지역: 지하 수위가 낮고 굴착심도가 깊지 않은 곳, 부지의 여유가 많은 곳

* 전원주택 및 농가주택 등 많이 사용하는 공법

★ 예) 줄기초 오픈컷 파기

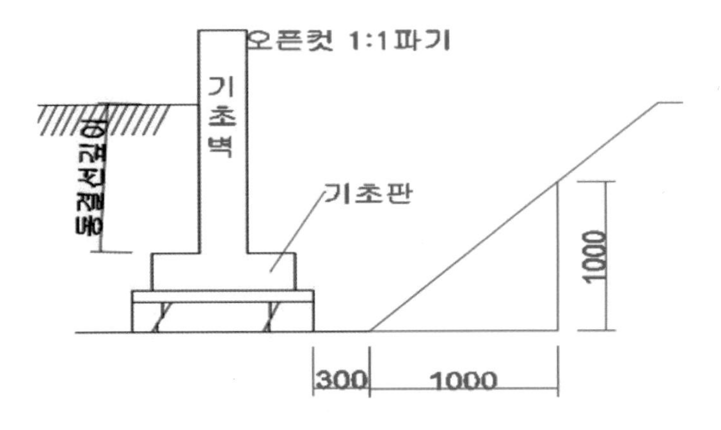

오픈컷은 흙의 휴식각을 활용해 흙막이 없이 경사면을 두고 터파기를 진행하는 공법이다. 일반적으로 넓은 면을 얕게 터파기 하는 경우에 주로 선정된다.

2) 흙막이공법

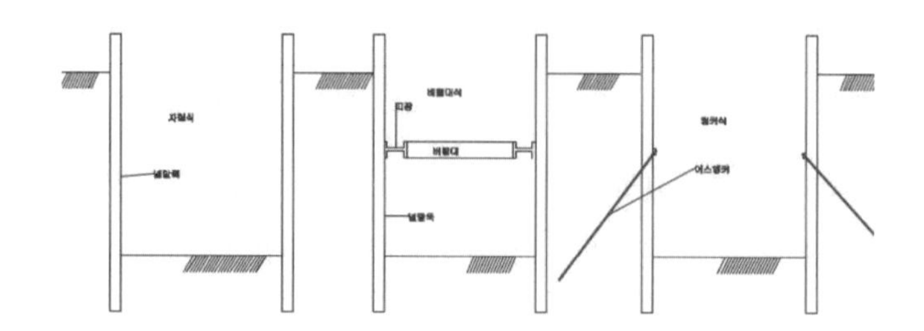

흙막이 벽을 설치해 토압과 수압을 견뎌낼 수 있도록 하는 공법이다. 자립식과 버팀대식, 앵커식을 비롯해 지하연속벽공법, 시트파일 등으로 분류된다.

가) 아일랜드컷공법

중앙부를 먼저 굴토해 기초나 지하 구조물을 구축하고 해당 구조물에 버팀대를 지지시켜 주변을 굴착하는 공법이다. 버팀대를 설치할 때 변위가 발생되기 쉬운 만큼 전체적인 균형을 맞추는 것이 중요하며 비교적 기초 흙파기의 깊이가 얕고 면적이 넓은 현장에서 주로 쓰이고 있다.

① 아일랜드컷공법의 특징

장점: 가설재를 절감할 수 있다.

단점: 지하공사가 2회 시행되어 공기가 장기화 될 수 있다.

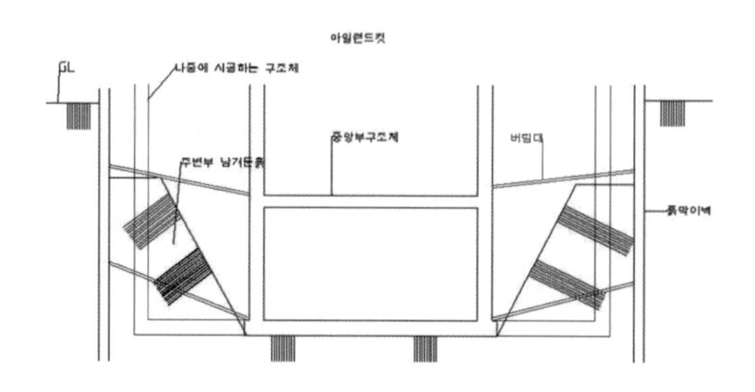

② 시공순서

- 흙막이벽 설치
- 흙막이벽이 자립할 수 있는 만큼의 비탈지게 흙을 남기고 중앙부를 굴착한다.
- 중앙부 구조체를 구축한다.
- 중앙부 구조체에 버팀대를 설치하여 흙막이 벽을 지지시킨다.
- 주변부를 굴착하고 주변부 구조물을 설치여 중앙부 구조물과 연결시킨다.

나) 트랜치컷공법

흙막이 벽을 이중으로 설치해 주위의 흙을 파낸 뒤 구조설계 구조물을 축조해 중앙 부분의 터파기 공사를 완료하는 공법이다. 아일랜드공법과 순서가 역순으로 진행된다.

① 트랜치컷공법의 특성

장점: 깊이가 얕고 면적이 넓은 공사에 주로 사용되며 연약지반에서 전체 굴삭이 힘들 때 효과적으로 진행이 가능하다.

단점: 이중 널말뚝 박기로 인해 공기가 연장될 수 있다.

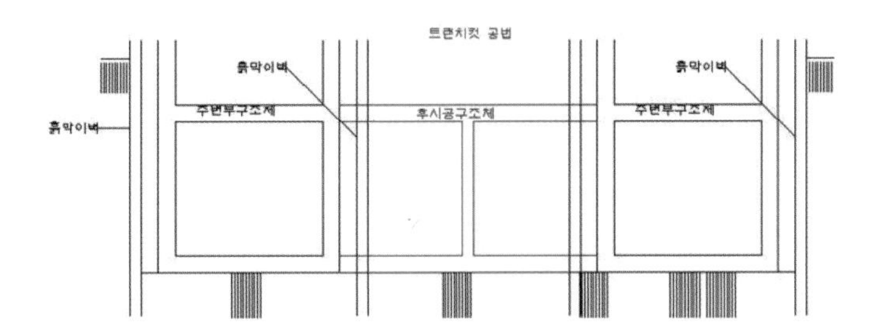

② 시공순서

- 건축물 주변부 흙막이벽을 이중벽으로 선시공한다.
- 주변부 건축물을 시공 후 흙막이벽을 철거 후 중앙부 구조물을 시공한다.

다) 어스앵커공법

흙막이 벽을 설치한 뒤 어스드릴기로 흙막이 벽을 뚫고 구멍에 앵커체를 넣어 구라우팅 한 뒤 경화시켜 인장력을 통해 토압을 지탱하는 공법이다. 지하 터파기 작업을 위해 넓은 작업공간을 확보하는 데에 용이하지만 인근 지반 침하 등의 위험성이 있어 사전 확인이 필수적이다.

① 어스앵커공법의 특성

장점: 버팀대가 필요 없으며 토공사 범위를 한 번에 시공할 수 있으며 기계화 시공이 가능해 공기가 빠르다. 작업 지장물이 없어 작업의 능률이 좋으며 앵커체가 각각의 구조체로 나누어져 적용성 역시 높다.

단점: 단가가 다소 높으며 인근 구조물이나 지중 매설물에 따라 시공이 어려워지기도 하고 인근 지반 침하의 위험성이 존재해 주변 건축주 및 도로 관리자에게 사전 동의를 얻어야 한다.

라) 버팀대(STRUT)공법

① 시공순서

- 굴착 외곽면에 흙막이 벽을 설치한다.
- 굴착 단계별로 띠장을 설치하고 H빔으로 버팀대를 설치하면서 굴착한다.

② 버팀대공법의 특성

장점: 재질이 균질하며 신뢰도가 높다, 시공이 간단하고 자재 이음이 용이하다. 굴착 깊이가 깊은 곳에 많이 이용한다.

단점: 강재의 수축이나 접합부 유동이 크다. 강재 단면의 종류가 적고 평면계획이 제한됨, 작업 공간의 협소로 공기 지연, 굴착 면적이 큰 곳에 불리하다.

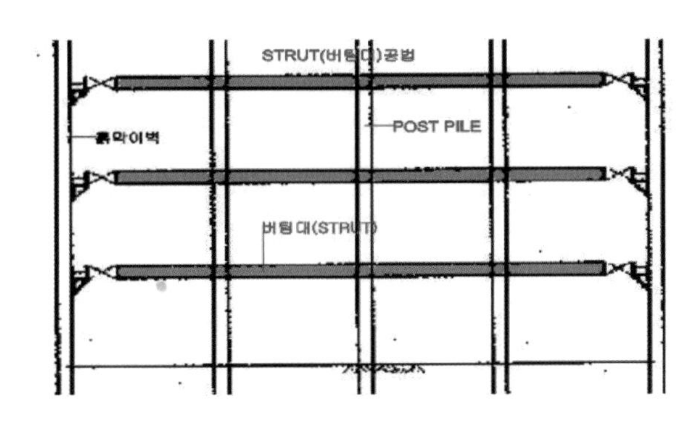

마) 토류판 시공법

- H빔을 지중에 삽입 후 굴착해 내려가면서 삽입 이때 토류판 목재가 양쪽 H빔에 50㎜ 이상 걸쳐지게 한다.
- 토류판과 절취면 사이 공간을 되메우기를 병행한다.

① 토류탄공법의 특성

장점: 공사비가 저렴하고 공사기간이 짧다. 시공이 용이하고 소음과 진동이 적다.

단점: 지하수 누출수 토사 유찰로 지반 침하 우려, 연약지반 시공이 불가, 인접 구조물에 피해 발생 우려가 있다.

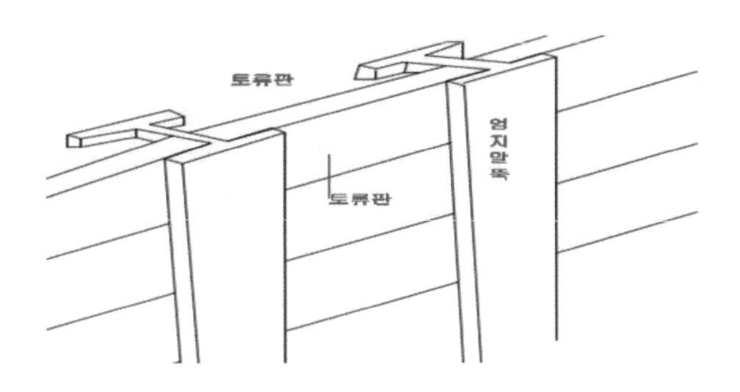

* 토류판 각재의 규격: 60*150*3600~120*150*3600 각재를 많이 사용하며 엄지말뚝 간격에 따라 재단하여 사용하고 각재 1개는 0.54㎡이다.
* 이밖에 CIP, SCW, Sheet Pile, Slurry wall 등이 있으나 생략하기로 한다.

바) 터파기 공사 중 유의사항

① 보일링(boiling) 현상

모래지반을 굴착할 때 굴착 바닥면으로 뒷면의 모래가 솟아 오르는 현상을 말한다. 지하수위가 높은 모래나 자갈층과 같은 투수성(透水性) 지반에서 흙막이벽을 강널말뚝으로 하여 굴착할 경우 굴착 바닥면에서 물이 솟아오르는 수가 있다. 이때 수압으로 인해 모래입자가 지표면 위로 흘러나와 지반이 파괴되는 현상을 말한다. 이런 현상이 발생하면 벽체 전체에 미치는 저항과 벽체 하단의 지지력이 없어질 뿐 아니라 흙막이벽과 주변 지반까지 파괴된다.

★ 방지대책

- 웰포인트로 지하수위를 저하시킨다.
- 흙막이벽을 깊이 설치하여 지하수의 흐름을 막는다.
- 굴착토를 즉시 원상 매립한다.
- 작업을 중지한다.

② 히빙(heaving) 현상

터파기를 할 때 흙막이벽 바깥쪽의 흙이 안으로 밀려 들어와 굴착 바닥면이 불룩하게 솟아오르는 현상으로 지반이 연약한 점성토에서 흔히 나타나며 팽상현상(膨上現象)이라고도 한다.

★ 방지대책

- 지반개량
- 굴착주변 웰포인트공법 병행
- 소단을 두면서 굴착

- 굴착주변 상재하중 제거
- 굴착저면에 토사 등 인공중력 가중
- 시트파일 등의 근입심도 깊게 한다.
- 토류벽의 배면토압 경감, 약액주입공법및 탈수공법 적용

③ 파이핑(piping) 현상

분사현상보다 더 규모가 크게 수평으로 모래지반이 다공질 상태가 되어 지반 내에 파이프 모양의 물길이 뚫리게 되는 현상이다. 보일링 현상이 진전되어 물의 통로가 생기면서 파이프 모양으로 구멍이 뚫려 흙이 세굴되면서 지반이 파괴되는 현상을 말한다.

★ 방지대책

- 흙막이벽의 근입장 깊이 연장: 토압에 의한 근입깊이보다 깊게 설치, 경질지반까지 근입장 도달
- 차수성 높은 흙막이 설치: Sheet Pile, 지하연속벽 등의 차수성이 높은 흙막이 설치, 흙막이벽 배면 그라우팅, 지하수위 저하, Well Point, Deep Well공법으로 지하수위 저하, 시멘트, 약액주입공법 등으로 지수벽 형성
- 댐, 제방에서의 방지대책: 차수벽 설치 : 그라우팅, 주입공법, 불투수성 블랭킷 설치, 제방폭 확대 및 코어형으로 대처

④ 기타 터파기공사 유의사항

★ 공사 착수 전 준비사항

- 지하매설물의 위치 확인
- 수평규준틀을 설치하여 건물의 위치 확인, 2개소 이상의 벤치마크(기준점)를 설치하고, 배치도에 의한 정확한 규준틀 작업

★ 공사 시 안전규칙

- 굴착 깊이가 1m 이상 시 근로자가 안전하게 승강할 수 있는 승강로를 설치하고 안전 난간을 설치하여 추락을 방지한다.
- 작업구역 내 관계자 외 출입 금지구역을 설정하고 관리감독자를 배치한다.

제8편 지정공사

1 지정공사

기초 구조물을 안전하게 지지할 수 있도록 지반개량을 하는 공법으로 다짐공법, 탈수(배수)공법, 고결공법, 치환공법, 재하공법 등이 있으며 일반적으로 터파기 완료 후 지정공사를 하게 되나 배수공법은 터파기 이전에 한다.

가. 배수공법

1) 웰포인트공법

사질 지반에서 건물부지 주위에 라이저 파이프를 1~2m 간격으로 박아 6m 이내의 지하수를 펌프로 배수하여 지하수 위를 저하시켜 압밀을 촉진하는 공법

가) 특성

- 장점: 터파기 공사가 쉽고 지반의 지내력이 강화되고 흙막이 토압이 경감된다.
- 단점: 점토질 지반에서는 투수계수가 작아 불가능하다. 펌프의 양정에 따라 깊이 7m 이상에서는 곤란하다.

2) 샌드드레인공법

적당한 간격으로 모래말뚝을 형성하고 그 지반 위에 상재 하중을 가하여 지반 중 물을 유출시키는 공법으로 점토질 지반에 적당하다.

3) 페이퍼드레인공법

모래 대신 흡수지를 사용하여 물을 빼내는 공법으로 시공속도가 빠르고 공사비가 싸다.

나. 잡석지정

1) 규준틀을 설치하고 규준틀에 실을 걸어 대지 위에 건축물의 위치를 표시하여 터파기 후 바닥면을 충분히 다진 후 지름 15~20cm 정도의 잡석을 가장자리에서 중앙으로 세워서 깔고 틈새를 콩자갈로 채우는 방법이나 현재는 쇄석자갈, 슬라그, 재활용골재 등을 사용하기도 한다.

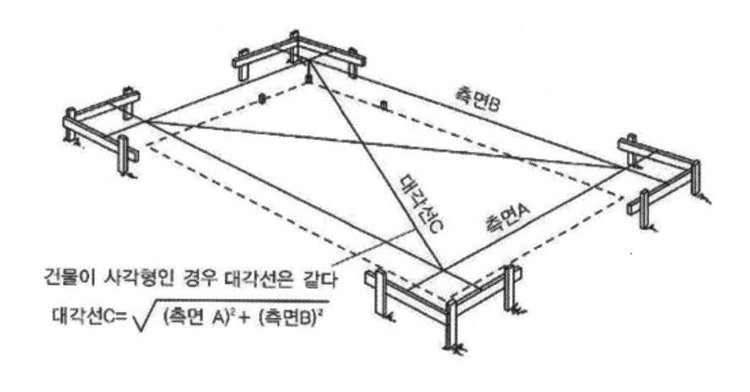

직각은 3. 4. 5법칙이나 피타고라스 정리를 이용하여 결정한다.

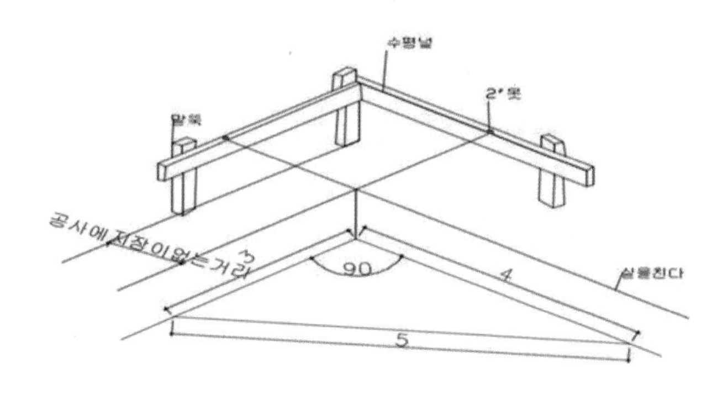

온통(매트)기초 터파기 사진

2) 위 그림처럼 규준틀에 실을 쳐서 건축물의 위치를 지면에 표시하고 건축물의 중심선에서 벽체두께를 감안하여 작업이 가능하도록 여유를 주어 터파기를 한다.

3) 터파기 완료 후 보통 굴삭기(포크레인)으로 다지는 사람들이 있으나 트랙(바퀴)이 넓은 굴삭기로는 다져지지 않는다. 진동 다짐기계로 충분히 다짐을 한 후 자갈을 100㎜ 정도 두께를 깔고 충분히 다진다.

* 다짐: 길이 1m의 D19철근을 1m 높이에서 힘껏 내려찍었을 때 깊이 10㎜ 이상 흙이 패이면 다짐 불량이다.

4) 버림콘크리트 타설은 지반개량을 하는 효과가 있어 지정공사로 볼 수 있으며 또한 목수가 먹을 놓기 위하여 반드시 필요하고 기초구조물 시공 시 기초저면의 흙이 기초콘크리트에 유입되는 것을 방지하기도 한다.

* 잡석지정과 모래지정은 동일한 방법으로 시공하며 지반개량과 동시에 기초구조물 하부에 배수효과도 있다.

다. 말뚝지정

1) 기성콘크리트말뚝

공장에서 만든 콘크리트말뚝, 원심력철근콘크리트말뚝, 원심력 프리스트레스트콘크리트말뚝, 고강도 피씨말뚝, CFT말뚝 등이 있으며, 끝을 뾰족하게 한 중공(中空) 원통의 것이 많다.

가) 기성콘크리트 말뚝박기 시공순서

① 기 설치된 규준틀에 실을 쳐서 도면상의 말뚝 위치를 표기한다.

② 말뚝 세우기

- 시공기계는 말뚝이 소정의 위치에 정확하게 설치될 수 있도록 견고한 지반 위의 정확한 위치에 설치하여야 한다.
- 말뚝의 간격은 가장자리에서부터 말뚝 지름의 2.5배 이상 750㎜ 이내 간격으로 하고 설계도에 별도의 표기가 있을 경우 말뚝의 연직도나 경사도는 1/100 이내로 하고, 말뚝박기 후 평면상의 위치가 설계도면의 위치로부터 D/4(D는 말뚝의 바깥 지름)와 100㎜ 중 큰 값 이상으로 벗어나지 않아야 한다.

③ 말뚝박기 위한 굴착

- 말뚝삽입용 굴착공의 직경은 말뚝직경보다 100㎜ 이상 크게 하고, 수직이 되도록 하여야 하며, 굴착 시 공벽의 붕괴 우려가 없거나 붕괴되는 토질에서는 케이싱을 사용한다.
- 굴착 후 구멍에 안착된 말뚝은 수준기로 수직상태를 확인한 다음 경타용 해머로 두부가 파손되지 않도록 박아서 가능한 말뚝선단이 천공 깊이 이상 도달하도록 한다.
- 지하수 유속이 빠른 경우에는 시멘트풀의 배합을 부배합으로 하거나 급결제를 사용한다.

④ 말뚝박기

- 박기는 말뚝이 어그러지거나 말뚝 본체의 손상이 없도록 하여야 하고, 기계의 중심이동으로 인한 문제 등에 대해 충분히 검토 후 수행하여야 한다.

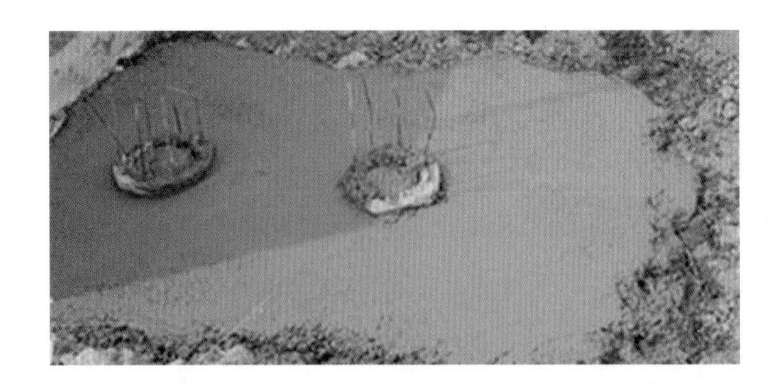

2) 제자리(현장타설)콘크리트말뚝

지중에 오거 등의 장비로 천공한 후 그 속에 콘크리트를 충진하여 콘크리트말뚝을 형성한 것으로 가장자리에서부터 말뚝 지름의 2.5배 이상 900㎜ 이내 간격으로 한다.

가) 시공순서

① 기 설치된 규준틀에 실을 쳐서 도면상의 말뚝위치를 표기한다.

② 굴착방법

- 천공기를 설계도상의 말뚝중심과 굴착중심이 일치되도록 수직으로 정확히 설치하여야 한다.
- 현장타설 콘크리트 말뚝은 시험말뚝 시공 시 승인된 방법으로 시공하여야 하며, 굴착은 지질이 어떤 것이든 관계없이 명시된 치수, 깊이 및 허용오차로 시공하여야 한다.
- 공사감독자가 요구할 때는 말뚝선단 아래로 최대 말뚝직경의 3배 또는 응력이 미치는 범위까지 시추해서 코어를 채취하고, 시추공은 그라우트를 주입해서 메워야 한다.
- 굴착이 완료되면 철근을 설치하기 전에 굴착상태를 공사감독자가 점검하여야 한다. 또한, 철근을 설치하고 콘크리트를 치기 전에 굴착한 바닥면에 쌓인 흙이나 암 또는 느슨한 재료 등은 제거하여야 한다.

③ 철근가공

- 주근의 이음은 겹침이음을 원칙으로 하며, 이음방법으로는 아크용접이나 가스압접 중에서 설계도서에 정하는 바에 따르며, 정하는 바가 없을 때에는 아크용접으로 하고, 이음의 강도 및 장성이 동등 이상이 되도록 한다.

- 철근의 세워 넣기 중에는 연직도와 위치를 정확히 유지하여야 하고, RCD공법이나 어스드릴공법에서는 공벽에 접촉하여 토사의 붕괴를 일으키지 않도록 주의하여 굴착공 내에 강하시켜야 한다.
- 스페이서는 보통 깊이 방향으로 3~5m 간격, 같은 깊이에 4~6개 정도 붙이며, 스페이서의 돌출 높이 및 공벽 케이싱 내면과의 빈틈은 공벽면의 굴착 정밀도와 케이싱을 뽑을 때에 따라오는 것을 방지할 수 있도록 정하여야 한다.

④ 콘크리트의 타설

- 콘크리트는 될 수 있는 대로 건조한 조건에서 쳐야 하며, 콘크리트 치기 전과 치기 중에 건조한 조건을 유지하는 데 모든 가능한 수단을 활용하여야 한다.
- 콘크리트의 유출 시에 타설면 부근의 레이탄스 및 밀고 올라가는 공바닥 침천물 등의 혼입을 막기 위하여 트레미를 굴착공의 중심에 설치하고 유출단은 콘크리트 속에 항상 2m 이상 묻혀 있어야 한다.
- 케이싱튜브 하단을 콘크리트타설 면으로부터 올리면 공벽토사가 붕괴되어 콘크리트 속으로 혼입되는 일이 있으므로 케이싱튜브 하단은 콘크리트 상면으로부터 2m 이상 내려 두어야 한다.
- 말뚝머리에 대해서는 콘크리트의 품질이 저하된 부분을 예측하여 여유 있게 타설하고, 금은 후에 설계높이까지 꺼내야 한다.
- 굴착공벽의 붕괴방지를 위하여 사용하는 강재 케이싱이 희생강관 케이싱으로 사용되는 경우가 아니면 콘크리트를 타설하면서 케이싱을 회수하여야 한다.
- 강재 케이싱 회수할 때는 케이상의 하단이 타설된 콘크리트 표면에서 2m 이상 삽입되어 있게 하여, 케이싱 하단에서 지하수가 유입되지 않게 하여야 한다.

* 이밖에도 강재말뚝, 나무말뚝 등이 있으나 생략키로 한다.

제9편 기초공사

1 온통기초(매트기초)

기초공사에는 상부 구조물에 작용하는 하중이나 구조물의 자체 무게 등을 지지하는 지반 등에 안전하게 지지할 수 있도록 고려하여 만든 기초의 구조물, 토질에 따라서 직접 기초(온통기초, 줄기초, 독립기초, 복합기초), 말뚝박기 기초, 케이슨기초 등이 있다.

현재 다가구주택, 전원주택, 축사 및 농사용 창고 등에 가장 많이 시공하는 기초형식으로 공사기간이 짧고 장비대, 노무비를 절약할 수 있는 기초로 버림(밑창)콘크리트와 기초 구조체 콘크리트를 2회 타설에 완성되는 기초다.

가. 온통기초(매트기초)의 특성

가장 단순하고 경제적인 공법. 공사기간이 짧다. 지내력이 확보되고 배수가 잘 되는 토질에 적합하다. 말뚝지정 후 매트기초로 공기를 단축할 수도 있다.

1) 연약지반에 다짐을 게을리 하면 부동 침하로 기초가 균열 또는 침하될 수도 있다.

2) 매트기초는 통기초와 지수벽(내림)기초로 구분하는데 통기초는 콘크리트량이 많아 자중으로 인한 침하의 우려가 있고 지수벽(내림)기초는 침하로 인한 균열의 우려가 있다.

3) 온통기초(매트기초) 시공순서

가) 규준틀설치 및 2개소 이상 기준점을 설치한다.

규준틀은 대지 위에서 건축물의 위치, 건축물의 길이 너비를 결정하는 중요한 구성요소다.

※ 대지 경계선에서 건축물의 이격거리를 결정하는 규준틀(야리가다)는 매우 중요하다. 규준틀 설치를 실수하여 부산 동래 사는 조 모 씨는 3층 건물 콘크리트 공사를 완료한 후 공사업자의 실수가 밝혀져 공사업자는 도주하고 건축주는 강제이행 부과금 4500만 원을 납부하고 철거했다.

※ 경기 용인 주북교회 장 모 집사는 충북음성 원룸신축공사를 하면서 규준틀 설치를 잘못하여 주차공간이 나오지 않아 원룸3동 기초공사 완료 후 철거를 했다. 이와 같은 일이 비일비재하므로 반장급 이상 목수가 해야 한다.

나) 기 설치된 규준틀에 의하여 대지 위에 건축물의 위치를 표시하고 설계치수대로 터파기를 한 다음 충분히 다짐 장비로 다진다.

다) 소정의 두께로 잡석을 포설하고 다짐 장비로 소정의 지내력이 확보되도록 다진다.

라) 버림콘크리트 타설 후 기 설치된 규준틀을 이용하여 먹매김을 한다.

마) 지중에서 올라오는 습기와 냉기를 방지하기 위해 단열재를 깐다.

바) 설계도면과 일치하게 하부철근 배근후 급수관, 오수관, 하수관, 전선관을 설치하고 상부철근 배근을 한다.

하부철근 배근 중

상부철근 배근 완료

사) 기초 거푸집을 설치한다. 거푸집은 유로폼과 합판거푸집 중 한 가지를 선택해서 사용한다.

합판거푸집

4) 온통기초(매트기초)의 구조적 분류

경질지반에 사용하는 얕은 기초로 특히 전원주택에 많이 사용하고 줄기초보다 공정이 적어 공사기간이 빠르고 비용이 적게 드는 이점이 있다.

가) 지수벽(내림)기초

① 기초 바닥면 4방향 폭 600㎜ 정도는 두께를 600㎜ 이상으로 하여 지면으로부터 300㎜ 이상은 땅에 묻히고 300㎜ 정도는 지표면보다 높아야 한다.

② 폭우 시 바닥면에 물이 차오를 수도 있고 지표면이 쓸려나가 기초밑바닥이 드러날 수 있는 것을 방지하고 테두리 보 역할을 한다.

③ 기초판 전체를 600㎜ 이상 두께를 하기도 하지만 콘크리트 양을 절약하기 위해 가장

자리만 두껍게 하는 것을 기초 밑 바닥에 물을 막는 지수벽 또는 내림기초라고 한다.

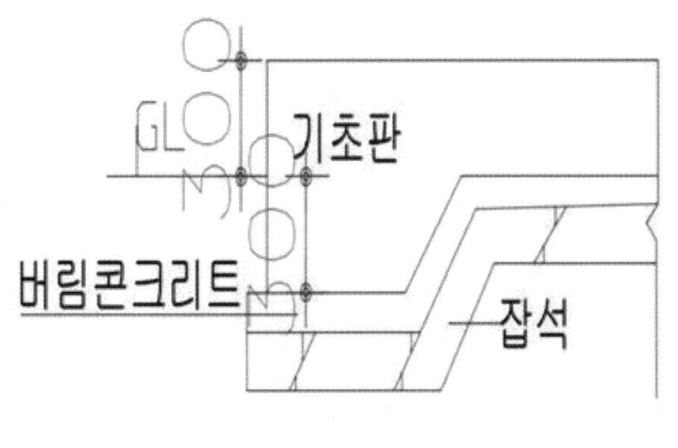

내림기초

다짐불량으로 인한 내림기초 침하현장

나) 통기초

콘크리트 두께 600~800㎜ 정도로 하여 지표면 위로 300㎜ 정도 노출시키고 나머지 300~500㎜ 정도를 땅 속에 묻히게 통으로 타설하는 콘크리트 기초를 말하며 상부 구조의 광범위한 면적 내의 하중을 단일 기초 슬래브 또는 격자보와 기초 슬래브로 지반으로 전하는 기초

① 콘크리트 두께가 두꺼워 수화열로 인한 균열이 발생하므로 수화열 저감대책이 필요하다.

예) 미8군에서는 주로 두께 800㎜ 정도의 통기초를 많이 하는데 수화열 저감대책으로 중용열 시멘트를 많이 사용한다.

② 철근배근은 하부철근은 피복두께를 80㎜로 하고 상부철근은 피복두께 40㎜로 하고 하부와 상부철근의 정착은 스트럽으로 고정하는 것이 일반적이다.

③ 경질지반에 사용하며 재하시험을 하여 소정의 지내력이 확보된 후에 시공을 원칙으로 한다.

④ 수화열 저감대책

- 콘크리트 타설 전에 거푸집 및 철근에 살수
- 다짐철저 및 마무리 시간 단축
- 하계에는 오후 및 야간 등 비교적 낮은 온도에 타설
- 타설과 동시에 양생제 및 비닐을 쳐서 바람에 의한 콘크리트 표면 온도의 급격한 온도 저하를 방지

⑤ 양생

- 타설완료 1시간 경과 후부터 습윤양생
- 타설과 동시에 거푸집에 살수
- 콘크리트 내부와 외부의 급격한 온도차가 없도록 최소 5일 이상 습윤양생

⑥ 수화열에 의한 균열: 콘크리트 내부의 온도가 높아 팽창하려는 성질이 있으나 표면은 온도가 낮아 수축하려는 성질이 있어 이때 표면에 인장응력이 발생하며 허용인장응력 초과시 균열이 발생한다.

2 줄(연속)기초

주로 상부 구조물의 무게가 무거운 구조 즉 조적조 또는 철근콘크리트조에 많이 사용하며 경사진 대지 및 경질지반에 사용하고 건축물 외벽 하단과 내벽 하단에 벽체 길이 방향으로 길게 연속하는 기초를 말하며 소규모 전원주택에서는 대지공간이 넓은 관계로 오픈 컷 형식으로 터파기를 하고 기초를 줄기초로 한다.

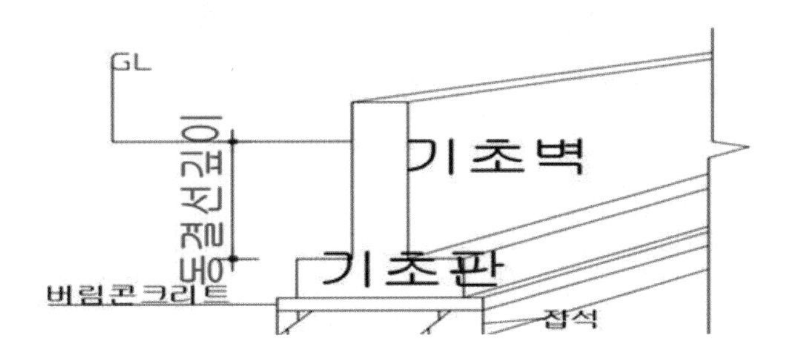

가. 줄기초 시공순서

1) 설치된 규준틀을 이용하여 대지 위에 건축물의 터파기 위치를 표시하고 굴삭기로 소정의 깊이 줄기초의 기초판은 그 지역의 동결선 밑에 위치하고 터파기 시에 기초판 두께, 버림콘크리트 두께, 잡석 두께를 고려한 깊이로 파야 한다.
2) 줄기초는 건축물 외벽하단 및 내벽하단에 벽체 길이방향으로 설치된다.
3) 100㎜ 정도의 두께로 잡석다짐을 하고 버림콘크리트 타설을 한다.
4) 먹매김을 한 뒤 기초판 철근 배근을 하고 기초판 거푸집을 설치하고 콘크리트를 타설한다.

줄기초철근배근

5) 기초판 위에 먹매김을 하고 철근을 배근한 뒤 거푸집을 설치하고 기초벽 콘크리트를 타설 한다.

기초판 먹매김

6) 거푸집 해체 후 되메기를 30㎝씩 메우고 다짐을 해 가며 되메운 뒤 바닥 잡석 다짐을 하고 버림콘크리트를 타설한다.

7) 규준틀을 이용하여 버림콘크리트 위에 먹매김을 하고 철근 배근 및 급수 오, 하수관을 설치 하고 구조체 바닥 콘크리트를 타설하여 완성한다.

* 어떤 기초든 버림콘크리트는 25-14-12로 타설하고 기초판, 기초벽, 바닥판 등은 25-24-12 이

상의 콘크리트로 타설하며 반드시 철근의 피복두께는 유지시켜야 한다.

* 맨앞 25는 최대골재치수, 중간의 14, 24는 콘크리트 압축강도, 끝의 12는 반죽질기이다.

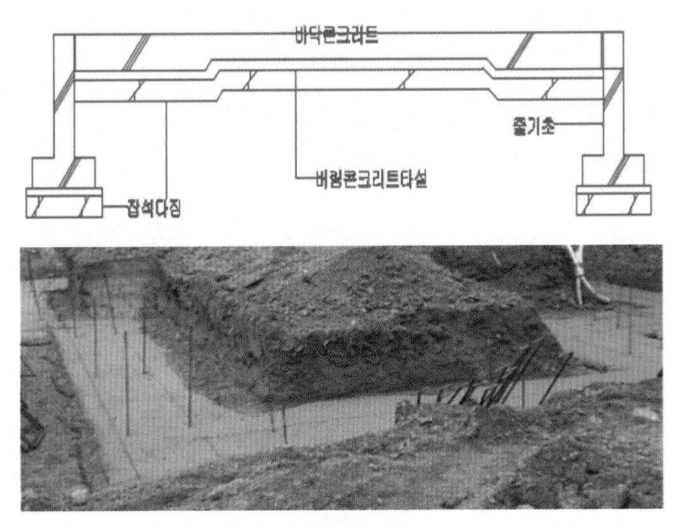

줄기초 부실시공 사례

어떤 구조물이든 철근을 땅에 박으면 철근이 부식되어 콘크리트 속에 묻혀 있는 철근도 부식되며 기초판에 철근을 넣지 않는 행위 등 전형적인 부실공사로 훗날 건축물이 균열되고 균열이 발생하여 건축물은 누수가 된다.

나. 줄기초의 단점

1) 공사기간이 지연되고 콘크리트 타설횟수가 5회에 걸쳐 하므로 장비대 및 노무비가 증가하고 콘크리트 타설 횟수마다 양생기간이 필요하다.

3 독립기초

직접기초의 하나. 하나의 기둥 아래에 설치된 기초. 기둥으로부터의 축력을 독립으로 지반 또는 지정에 전달토록 하는 기초로 주로 라멘구조에 많이 사용된다.

* 라멘구조: 건축물의 수직 힘을 지탱하는 기둥과 수평 힘을 지탱해 주는 보로 구성된 건축구조형태를 말한다. 슬래브도 수평하중을 분배하는 역할을 하나 경량화, 단순화된 구조이다. 재료는 철골 및 철근콘크리트를 이용하며, 시공의 편의성 때문에 현대건축에서 많이 이용한다. 고층, 초고층의 업무용빌딩, 아파트, 주상복합아파트 등에 이용한다. 라멘식 구조로 집을 짓게 되면, 건축물의 골격은 유지하면서 벽이나 설비는 가구별로 내·외부를 쉽게 바꿀 수 있을 뿐만 아니라, 1·2인 가구나 노령가구의 특성에 맞게 꾸밀 수 있다. 또한, 아파트와 아파트 사이의 벽을 허물어 2가구를 1가구로, 또는 3가구를 2가구로 합칠 수도 있다. 수도배관 등 각종 설비가 벽 속에 들어 있어 보수가 어려운 종전 주택과 달리 보수나 교체가 편리해진다.

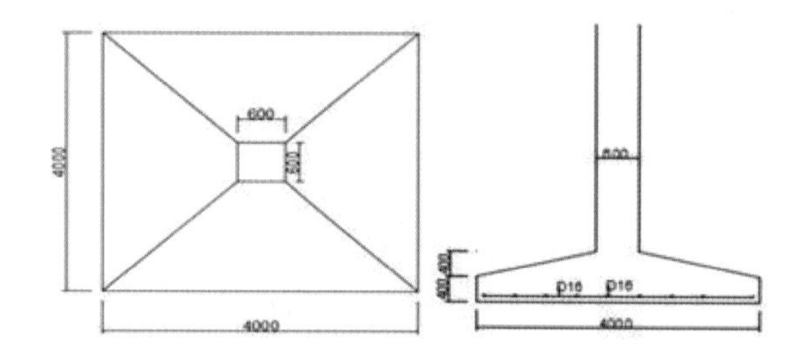

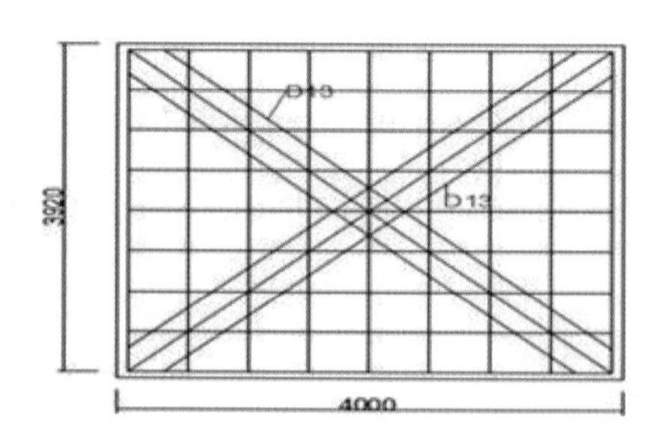

가. 독립기초 시공순서

1) 어떤 기초든 규준틀을 설치하고 터파기할 위치를 표시해 주어야 굴삭기가 터파기를 할 수 있다.

2) 기초판의 크기는 구조기술사의 구조계산에 의해 결정되나 대략 기둥단면 지름의 6배 이상 된다. 터파기는 밑면이 기초판(Footing) 크기보다 양쪽으로 30㎝ 정도 크게 하고 윗면은 흙의 휴식각을 적용한 경사를 주어야 토사의 붕괴를 방지하고 작업자가 작업할 공간이 있어야 한다.

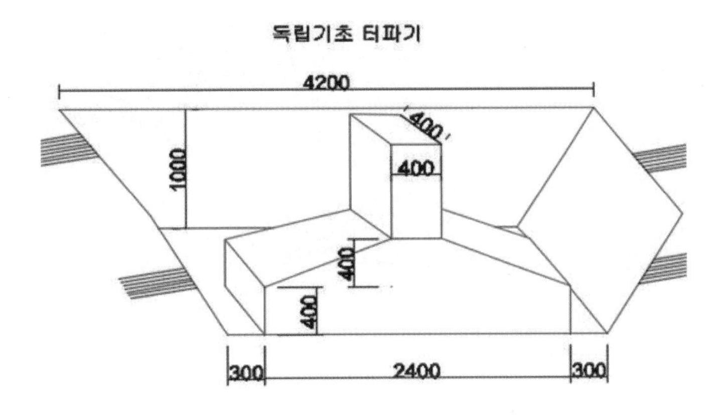

3) 터파기량(토량) 계산

가) 토량계산 공식

$$V=\frac{H}{6}\{(2a+a')b+(2a+a)b' \therefore \frac{1}{6}\{(2\times4.2+3)\times4.2+(2\times3\times4.2)\times3\}=20.58m^3$$

위와 같은 모양의 기초판의 콘크리트 양도 같은 식으로 계산한다.

4) 터파기가 끝나면 소정의 지내력이 확보되도록 다짐을 하고 버림콘크리트를 타설한 다음 철근 피복두께를 유지시키면서 철근 배근을 한다.

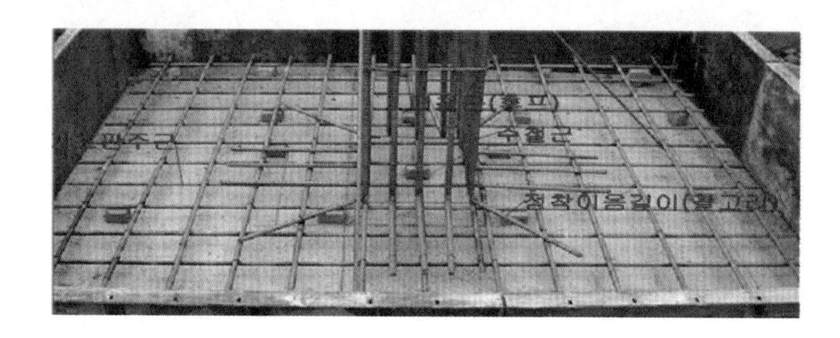

5) 거푸집을 설치하고 기초 콘크리트를 타설한 다음 양생 후 규준틀에 의해 먹매김을 하는데 기준먹을 놓고 기준먹에서 기둥의 외곽치수로 정확히 먹매김 한다.

6) 먹선에 맞추어 지중보 밑의 기둥거푸집을 설치하고 거푸집을 흙속에 매립하고 지중보와 동시에 타설하는 방법과 기둥을 먼저 타설하고 지중보를 시공하는 방법 등이 있다.

나. 지중보(tie beam)

기초 부동침하 또는 기둥의 이동이나 이동을 방지하기 위한 목적으로 지중(땅속)에 기초와 기초를 연결한 보를 말한다.

* 독립기초는 기둥과 기둥을 지중보로 연결하여 부동침하 및 보의 이동을 방지해야 하고 기초판과 보밑까지 기둥의 최소 높이는 인장철근 정착길이 이상으로 해야 한다.

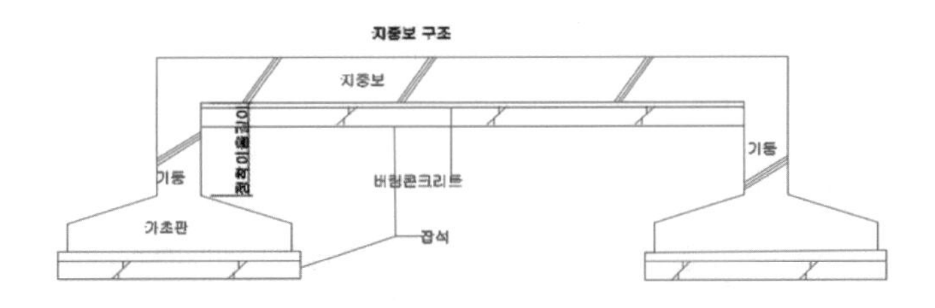

1) 지중보의 시공순서

가) 기초판과 기둥주위를 되메우기 하고 지중보 터파기를 하고 지내력이 확보되도록 다짐을 한 다음 버림콘크리트를 타설한다.

나) 버림콘크리트 위에 먹매김을 하고 철근 피복두께가 나오도록 스페이서로 받치고 철근 배근을 하고 거푸집을 설치한다.

다) 진동기로 충분히 다짐을 하여 밀실한 콘크리트를 타설하고 양생 후 거푸집 해체 후 되메우기는 30㎝마다 물을 뿌려 가며 다짐을 하고 바닥 버림콘크리트를 타설한다.

라) 대표적인 지중보 및 줄기초 부실시공 사례

지중보 또는 줄기초 시공에 있어 터파기를 지중보 또는 줄기초 벽체두께에 작업공간을 두지않고 터파기 하여 거푸집 없이 철근 배근을 하고 콘크리트 타설을 하게 되면 콘크리트 속에 흙이 혼입되어 수밀성이 떨어져 철근 부식과 콘크리트 강도 저하를 가져온다.
위 그림과 같이 철근의 일부가 흙에 묻혀 있으면 흙속에서 녹이 발생하여 콘크리트 속에 있는 철근마저 빠른 속도로 부식된다. 일정한 두께로 철근에 콘크리트 피복이 덮혀 있는 구조체는 콘크리트 속에서는 절대로 철근이 부식되지 않는다. 콘크리트는 압축강도는 강하나 인장력은 압축강도의 $\frac{1}{13}$로 철근이 부식된 콘크리트는 부동침하에 맥없이 건축물이 균열되어 수명을 단축시킨다.

* 위와 같은 줄기초나 지중보 형식에서 바닥판 시공법은 일체식과 분리식이 있다.

- 일체식: 지중보나 줄기초에서 바닥슬래브 두께만큼 낮게 콘크리트 타설을 하고 바닥철근이 지중보 및 줄기초 철근과 연결되어 일체식으로 타설하는 것

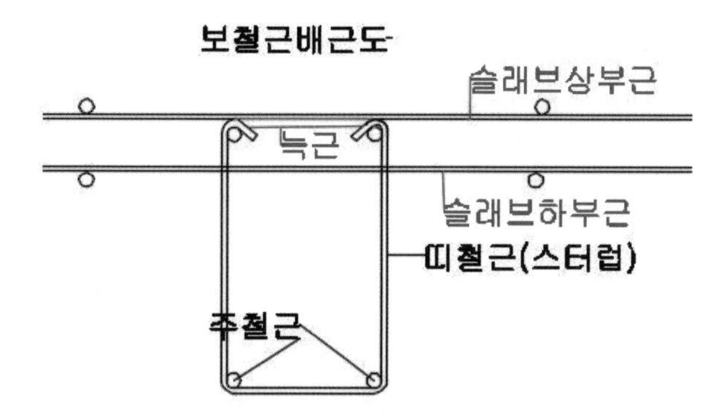

- 분리식: 지중보 및 줄기초 콘크리트를 바닥슬래브 상단높이까지 콘크리트를 타설하고 지중보와 줄기초 기초벽과 사이에 엑스펜션조인트를 주어 기초와 바닥을 분리되게 시공하는 것

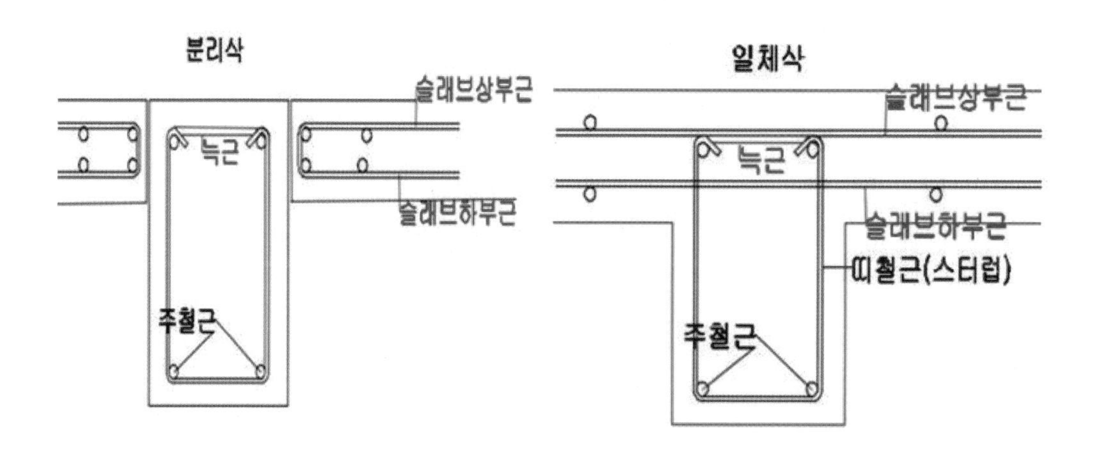

4 복합기초

가. 2개 이상의 기둥을 한 개의 기초 판으로 지지하는 기초로서 직사각형 또는 사다리꼴로 하되 전체 기둥의 합력의 작용점을 기초의 중심에 일치시킨다.

나. 현재는 주상복합아파트 등에 많이 사용되고 있는 편이며 위에서 말한 기초공법과 중복되므로 생략하기로 한다.

제10편

철근콘크리트구조 (Reinforced Concrete)

1 시멘트 및 콘크리트

철근과 콘크리트의 재료를 일체화시켜 각각의 장·단점을 보완한 구조를 말한다. 즉, 철근 콘크리트 조는 철근으로 보강한 콘크리트를 말하는 것이다. 흔히 RC(Reinforced Concrete)조라 부른다. 형태를 자유롭게 구성할 수 있고, 고층주택이나 지하층 만들기에 유리하고 또 재료가 풍부하고 구입이 용이하다. 공동주택에 많이 이용하고 있다. 내화성·내구성·내진성·풍압 등에 강하나, 중량이 무겁고, 공사비가 비교적 많이 든다. 형태의 변경이나 파괴, 철거가 어렵고 재료의 재사용이 어렵다. 또 시공 때 기후의 영향을 많이 받는 단점이 있다.

가. 시멘트

1) 보통 포틀랜드 시멘트

가) 주성분

점토(실리카, 알루미나), 산화철, 석회석 → 클링커+3% 석고(응결시간 조절용) → 시멘트

나) 비중 및 단위 용적중량: 비중은 3.15, 단위용적 중량은 1,300~2,000kg/㎥으로 보통 1,500kg/㎥

다) 분말도

수화작용 속도에 큰 영향을 미치고 시공년도, 공기량, 수밀성 및 내구성에도 영향을 주나 분말도가 지나치게 크면 풍화가 쉽다.

라) 응결시간

수량, 온도, 분말도, 화학성분, 풍화, 습도에 따라 다르다.

2) 조강 포틀랜드 시멘트

가) 조기강도 우수(28일 압축강도를 7일 내 낸다.)

나) 긴급공사, 한중공사에 적당하다.

3) 중용열 포틀랜드 시멘트

가) 조기 강도는 늦으나 장기강도는 우수, 방사선 차단 효과

4) 혼합 시멘트

가) 고로 시멘트

- 응결시간이 약간 느리고 Bleeding 현상이 적어진다.
- 장기강도가 우수하고 해수에 대한 저항이 크다. 댐 공사에 적당하다.

나) 실리카 시멘트

- 시공연도 증진 Bleeding 현상 감소, 비중이 가장 적다.

다) 플라이애쉬 시멘트

- 수밀성이 좋고 수화열과 건조수축이 적다. 댐 공사에 적당하다.

5) 기타 시멘트

가) 알루미나 시멘트

- 내화성이 급결성이고 보일러실이나 긴급을 요하는 공사에 사용되며 초기강도가 매우 높다.
- 보통 포틀랜드 시멘트 28일 강도를 1일에 낸다.

나) 팽창 시멘트

- 수축률 20~30% 감소, slab균열 제거용, 이어치기 콘크리트용

나. 골재

1) 세골재(잔골재)

가) 5㎜채에서 중량비 85% 이상 통과하는 콘크리트용 골재

2) 조골재(굵은 골재)

가) 5㎜채에서 85% 이상 남는 콘크리트용 골재

3) 재질

가) 모래, 자갈은 청정 강경하고 내구성이 있고 화학적 물리적으로 안정하며, 알 모양이 둥글거나 입방체에 가깝고 입도가 적당하고 유기 불순물이 포함되지 않아야 하며 소요 내구성 및 내화성을 가진 것이라야 한다.

4) 골재의 모양

가) 콘크리트에 유동성이 있게 하고 공극률이 적어 시멘트를 절약할 수 있는 둥근 것이 좋고 넓거나 길쭉한 것, 예각으로 된 것은 좋지 않다.

5) 골재의 함수량

가) 절건 상태: 110℃ 이내에서 24시간 건조시킨 것

나) 기건 상태: 공기 중에 건조시킨 것

다) 표면건조 내부 포수상태: 외부 표면은 건조하고 내부는 물에 젖어 있는 상태

※ 표건 상태: 콘크리트 배합설계 기준의 골재이다.

6) 골재의 실적률

가) 실적률: 골재의 단위용적 중 실적률을 백분율로 나타낸 값

- 실적률+공극률=1(100%)
- 공극률: 골재의 단위 용적중의 공극률 백분율로 나타낸 값

나) 1-단위용적중량/비중×100%

7) 조립률

가) 골재의: 입도를 표시하는 방법, 골재의 대소가 혼합되어 있는 정도

나) 조립률=각 채에 남는 누계의 합/100

다. 물

1) 물은 유해량의 기름, 산, 알칼리 유기불순물 등을 포함하지 않은 깨끗한 물이어야 한다.

2) 철근 콘크리트에는 해수를 사용해서는 안 된다. 해수는 철근 부식의 주원인이다.

※ 철근 방청상 염분이 0.04% 이하의 해수는 무방하다. 무근 콘크리트는 해수를 사용해도 된다.

3) 당분이 포함되어 있으면 콘크리트 응결이 지연된다. → 당분 0.1% 이하

라. 혼화재료

1) 굳지 않은 콘크리트나 경화된 콘크리트의 제 성질을 개선하기 위하여 콘크리트 비빔 시 첨가하여 사용하는 재료

2) 혼화재

사용량이 비교적 많아서 그 자체의 부피가 콘크리트 배합계산에 관계되는 것. 시멘트 사용량의 5% 이상 사용하는 대체재료 → 포졸란, 플라이애쉬, 고로슬래그 분말, 실리카흄

3) 혼화제

사용량이 적어서 배합 계산에서 무시된다.

- 시멘트 사용량의 1% 미만 → AE감수제, 응결경화촉진제, 발포제, 방수제, 방동제, 유동화제, 착색제

마. 콘크리트공사 일반

1) 물 시멘트 비

- 콘크리트 강도에 가장 많이 영향을 준다.
- 물이 많으면 반죽 질기는 좋으나 강도가 저하되고 재료분리 현상이 생긴다.

2) 혼화제

- AE제를 사용하면 시공연도가 증진되며 분산제와 포졸란도 좋다. 공기량 1% 증가 시 슬럼프 값 2㎝ 정도 증가한다.

3) 블리딩 현상

- 콘크리트 타설 후 물과 미세한 물질들이 상승하고 무거운 골재 시멘트 등은 침하하게 되는 현상으로 일종의 재료 분리 현상이다.

4) 레이턴스

- 블리딩수의 증가에 따라 콘크리트 면에 침적된 백색의 미세한 물질로 콘크리트 품질을 저하시킨다.

5) 공기량의 성질

- AE제를 넣을수록 공기량은 증가
- AE제의 공기량은 기계 비빔보다 손 비빔에서 증가하고 비빔시간 3~5분까지 증가하고 그 이후는 감소한다.
- AE공기량은 온도가 높을수록 감소하고 진동을 주면 감소한다.

6) 콘크리트 강도에 영향을 주는 요소

- 물, 시멘트 비, 골재의 혼합비, 골재의 성질과 입도, 양생 방법과 재령
- 콘크리트의 건조 수축: 습윤 상태에 있는 콘크리트가 건조하여 수축하는 현상으로 하중과

는 관계 없는 콘크리트의 인장력에 의한 균열이다.

- 단위 시멘트량 단위수량이 클수록 크다.
- 골재중의 점토분이 많을수록 크다.
- 공기량이 많아지면 공극이 많으므로 크다.
- 골재가 경질이고 탄성계수가 클수록 적다.
- 충분한 습윤 양생을 할수록 적다.

7) 콘크리트 크리프

- 콘크리트에 하중이 작용하면 그것에 비례하는 순간적인 변형이 생긴다. 그 후에 하중의 증가는 없는데 하중이 지속하여 재하될 경우 변형이 시간과 더불어 증대하는 현상

바. 콘크리트의 중성화

1) 수산화석회가 시간의 경과와 함께 콘크리트 표면으로부터 공기 중의 CO_2의 영향을 받아 서서히 탄산석회로 변하여 알칼리성을 상실하게 되는 현상

2) 중성화의 영향

- 철근 녹 발생: 체적팽창 2.6배 → 콘크리트 균열 발생
- 균열 부분으로 물, 공기 유입 → 철근부식 가속화
- 철근 콘크리트 강도 약화로 구조물 노후화 → 내구성 저하
- 균열 발생으로 수밀성 저하 → 누수발생
- 생활환경: 누수로 실내 습기증가, 곰팡이 발생

사. 콘크리트 설계기준 강도

콘크리트 재령 28일의 압축강도를 말한다.

2 철근 가공 및 조립

가. 가공

1) 철근의 가공은 복잡하고 중요한 공사가 아닌 경우 현장에서 가공한다.

2) 가공기구: 절단기, Bar Bender, Hooker Pipe 등

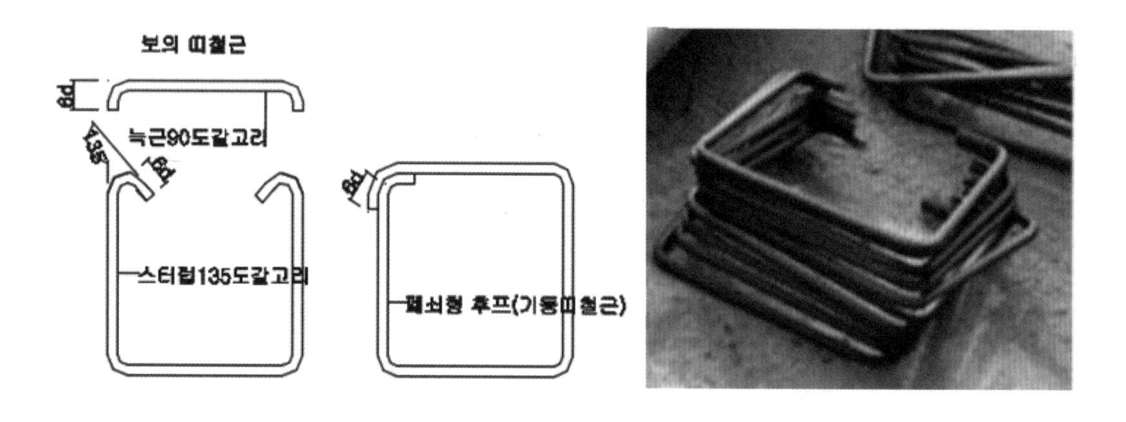

보의 띠철근인 스터럽은 135도 갈고리로 해야 함에도 90도 갈고리로 하는 것은 부실공사다. 어떤 외력에 의한 충격이나 과중한 힘을 받을 때 보의 주근이 이탈하게 되면 보의 취성파괴가 일어날 수 있다.

★ 위 그림처럼 철근 가공단계부터 부실공사가 시작되는 경우가 허다하다.

3) 표준갈고리

보 및 슬래브 철근을 기둥이나 벽에 정착시킬 때 사용하는 갈고리를 말한다.

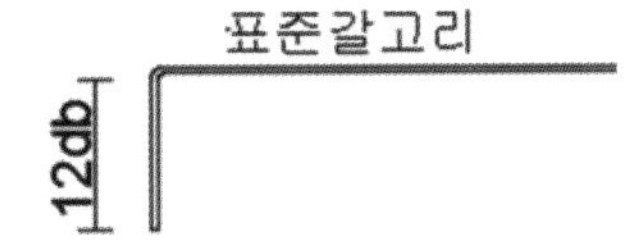

나. 철근의 결속

1) 결속선은 #18-#20을 사용하여 단단히 고정한다.

2) 철근이음 및 정착길이

가) 현장 철근팀장들이 보통으로 사용하는 정착길이

구분	압축력	인장력
보통콘크리트	25d 이상	40d 이상
경량콘크리트	30d 이상	50d 이상

★ 40d는 철근지름의 40배 즉 10㎜철근의 경우 40㎝ d는 철근의 지름을 말한다.

나) 계산식에 의한 정착길이

- 인장철근의 정착길이: $l_d = l_{db} \times$ 보정계수, l_d= 언제나 300㎜ 이상

$l_{db} = \dfrac{0.6df_y}{\sqrt{fck}}$ $\therefore d$= 철근지름, f_y=철근 항복강도, fck=콘크리트 압축강도

0-압축철근의 정착길이: l_d= 기본정착길이 × 적용 가능한 모든 보정계수

l_d=항상 200㎜ 이상, $l_{db} = \dfrac{0.25dfy}{\sqrt{fck}}$

다. 철근 보정계수

1) 위치계수: 상부철근(이음길이 300 초과) 1.3, 일반철근 1.0

2) 엑폭시 도막계수: 피복두께 3_{db} 미만 또는 철근 순간격 6_{db} 미만 1.5

기타 엑폭시 도막철근 1.2, 기타 1.0

3) 경량콘크리트 계수 1.5

- 기초바닥 슬래브는 복배근일 경우 상부근은 인장근이고 하부근은 압축근이다.
- 보 또는 상부 슬래브는 양단부는 상부근 중앙부는 하부근이 인장철근이다.

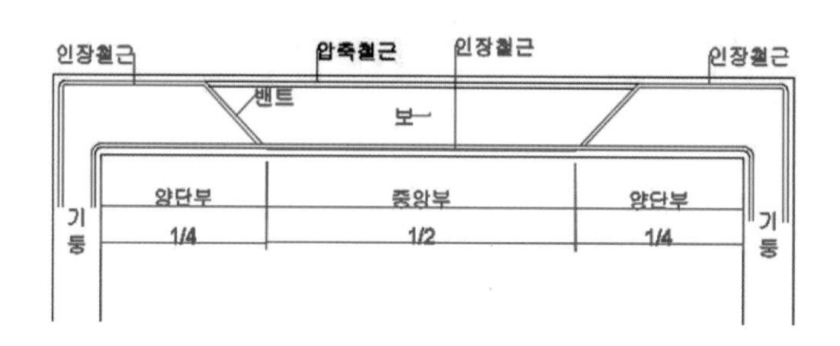

4) 표준갈고리

- 최소 정착길이는 $8d_b$이상 150㎜ 이상이어야 한다.
- 표준갈고리 기본정착길이: $l_{hb} = \dfrac{0.24BdbF_y}{\lambda\sqrt{Fck}}$

  β: 인장이형철근 최소 정착길이 계산 시 사용하는 β와 동일.

5) 철근의 이음

가) 인장력이 적은 곳에서 이음을 하고 동일 장소에서 철근수의 반 이상을 잇지 않는다.

나) D29 이상의 철근은 겹침 이음을 하지 않는다.

다) 철근의 지름이 다를 때는 작은 지름의 철근을 기준으로 한다.

라) 보의 철근 이음은 상부근는 중앙, 하부근은 단부에서 한다.

6) 철근의 정착위치

가) 기둥의 주근: 기초에 정착

나) 보의 주근: 큰 보에 정착

다) 작은 보의 주근: 큰 보에 정착

라) 직교하는 단부 및 기둥이 없을 때: 보 상호간에 정착

마) 벽 철근: 기둥 보 또는 바닥판에 정착

바) 바닥 철근: 보 또는 벽체에 정착

사) 지중 보 주근: 기초 또는 기둥에 정착

7) 철근의 조립순서

가) 철근 콘크리트조: 기둥 → 벽 → 보 → 슬래브

나) 철골 철근 콘크리트조: 기둥 → 보 → 벽 → 슬래브

8) 철근의 피복두께 유지목적

가) 피복두께: 콘크리트 표면에서 최 외단 철근표면까지의 거리를 말한다.

나) 내구성(철근의 방청) 유지

다) 시공 상 콘크리트 치기의 유동성 유지(굵은 골재의 유동성 유지)

라) 구조 내력상 피복으로 부착력 증대

마) 내화성 유지

스페이서: 거푸집과 철근과의 간격 유지를 위해 사용되는 거푸집의 부속 재료로 좌측은 수직거푸집용이고 우측은 슬래브 바닥 거푸집용이다.

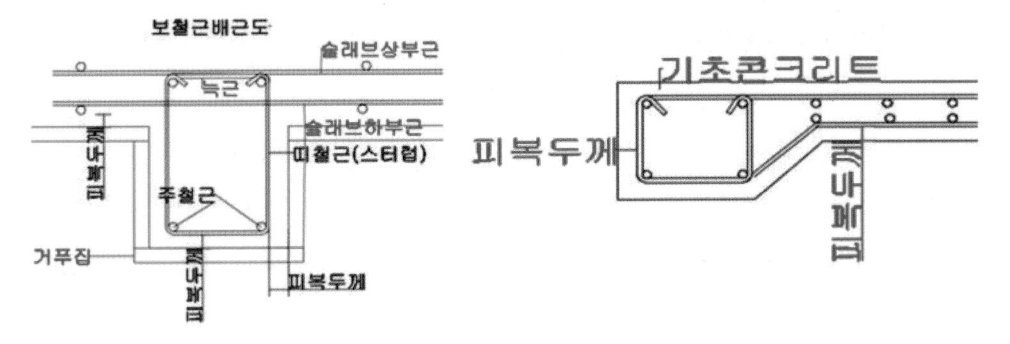

9) 철근의 피복두께

가) 공기 중에 노출되는 부분 40㎜

나) 흙에 영구적으로 묻히는 부분 80㎜ 이상

다) 수중에 영구적으로 묻히는 부분 100㎜ 이상 유지

10) 철근 간격 유지 목적

가) 콘크리트의 유동성(시공성) 확보

나) 재료분리 방지

다) 소요의 강도 유지, 확보

11) 철근과 철근 최소간격 결정

가) 주근 공칭지름의 1.5배 이상

나) 2.5㎝ 이상

다) 굵은골재 최대치수의 4/3(1.33)배 이상 셋 중 큰 값

12) 가스압접: 접합하는 두 부재에 1,200~1,300℃의 열을 30Mpa의 압력을 가압하여 접합하는 것

가) 접합소요시간: 1개소에 3~4분으로 비교적 간단

나) 압접 작업은 철근을 완전히 조립하기 전에 한다.

다) 철근 직경이 6㎜가 넘는 것, 편심오차가 직경의 1/5 초과는 압접을 하지 않는다.

라) 장점: 콘크리트 부어 넣기가 용이하고 겹침 이음이 불필요하며 기구가 간편하고 공사비가 저렴하다. 강도가 비교적 신뢰성 있다.

마) 단점: 철근공과 용접공의 동시 작업으로 혼돈의 우려가 있으므로 숙련공이 필요하다. 화재의 우려가 있고 용접부 검사가 어렵다. 풍우 강설 시에는 작업을 중단해야 한다.

★ 철근 피복두께: 콘크리트 표면에서 최 외단 철근까지의 거리를 말한다.

가) 미국의 콘크리트 건축물 수명은 100년으로 보고 있다. 그 이유는 슬래브 철근 피복두께를 40㎜로 하고 있어 알칼리성 콘크리트가 공기 중에서 중성화가 되어 가는 과정이 100

년이기 때문이다.

나) 우리나라 아파트 슬래브 피복 두께가 25㎜로 콘크리트 중성화가 되어 가는 기간이 40년으로 따라서 아파트 재건축 년한이 40년이 정답이다.

13) 스터럽

기준용어. 콘크리트구조에서 보의 주근을 둘러싸고 이에 직각이 되게 또는 경사지게 배치한 복부 보강근으로서, 전단력 및 비틀림모멘트에 저항하도록 배치한 보강철근을 말한다. 다른 표현으로는 철근콘크리트 보의 상하 주근을 직접 또는 보의 내측연을 따라 감는 전단 보강근으로 조립 시에도 긴요하다. 늑근이 있는 위치에서의 총단면적을 보 폭과 늑근 간격을 곱한 값으로 나눈 값을 늑근비라고 부르며 백분율로 표시한다. 늑근이라고도 함.

* 스터럽(늑근) 설치 목적: 전단력보강, 주근의 위치 고정, 주근의 좌굴방지

14) 후프(기둥의 띠철근)

가) 후프철근의 정의를 보면 "폐쇄띠철근 또는 연속적으로 감은 띠철근(폐쇄띠철근은 양단에 내진갈고리를 가진 여러 개의 철근으로 만들 수 있음. 연속적으로 감은 띠철근은 그 양단에 반드시 내진갈고리를 가져야 함.)"으로 되어 있다.

나) 내진갈고리의 정의를 보면 "지름의 6배, 75㎜ 이상의 연장길이를 가진 135도 갈고리로 된 스터럽, 후프철근, 연결철근의 갈고리"로 되어 있다.

다) 연결철근의 정의를 보면 "한쪽 끝에서는 적어도 지름의 6배 이상의 연장길이(또한 75㎜ 이상)를 갖는 135도 갈고리가 다른 끝에서는 적어도 지름의 6배 이상의 연장길이를 갖는 90도 갈고리가 있는 철근"으로 되어 있다.

3 거푸집

가. 목적

콘크리트 형상과 치수 유지, 콘크리트 경화에 필요한 수분과 시멘트풀의 누출 방지, 양생을 위한 외기 영향 방지

나. 거푸집의 구비조건

수밀성과 외력, 측압에 대한 안전성, 충분한 강성과 치수 정확성, 조립해제의 간편성, 이동용이, 반복사용 가능

다. 거푸집의 고려하중(시방서 기준)

연직방향하중, 횡방향하중, 측압, 특수하중

라. 콘크리트헤드

1) 타설된 콘크리트 윗면으로부터 최대측압면까지의 거리
2) 콘크리트를 연속타설하면 측압은 높이의 상승에 따라 증가하나 시간의 경과에 따라 감소하여 어느 일정한 높이에서 증가하지 않는다. 이렇게 측압이 최대가 되는 점을 말한다.

마. 거푸집 측압이 큰 경우

1) 슬럼프가 클 때
2) 부배합일 경우
3) 벽두께가 두꺼운 경우
4) 온도가 낮고, 습도가 높은 경우
5) 거푸집 강성이 큰 경우
6) 진동기를 사용 시
7) 부어넣기 속도가 빠른 경우
8) 철골 또는 철근량이 적을수록

바. (기초, 보, 기둥, 벽 등의 측면) 거푸집 및 동바리의 존치기간(시방서 기준)

1) 콘크리트의 압축강도를 시험할 경우 거푸집널 해체 시기 - 콘크리트 압축강도가 5MPa 이상인 경우
2) 콘크리트의 압축강도를 시험하지 않을 경우

평균기온	시멘트의 종류		비고
구분	조강포틀랜드시멘트	보통포틀랜드시멘트	
20℃ 이상	2	4	
10~20℃	3	6	

3) 콘크리트 존치기간은 초기강도가 5Mpa 이상일 때 거푸집을 해체한다.
4) 바닥 보 밑 지붕 slab 거푸집 존치기간은 만곡강도의 80% 이상일 때 받침기둥을 제거하고 해체한다.
5) 거푸집 존치기간 계산
   가) 콘크리트 경화 중 최저 기온이 5℃ 이하로 되었을 때 1일을 0.5일로 환산하여 존치기간을 연장한다.

나) 기온이 0℃ 이하일 때 존치기간을 산입하지 않는다.

다) 거푸집 존치기간에 영향을 주는 요소

- 부재의 종류, 콘크리트의 압축강도, 시멘트의 종류, 평균 기온

사. 거푸집 부속재료

1) 간격재(Spacer, 스페이서)

벽 또는 슬래브에 배근되는 철근이 거푸집에 밀착되는 것을 방지하여 철근의 피복두께를 확보하는 간격재

2) 격리재(Separater, 세퍼레이터) 일명 도바리, 조기

벽 거푸집에서 벽 거푸집이 오므라드는 것을 방지하고 간격을 유지시키는 격리재

3) 긴결재(반셍, 타이볼트, 폼타이)

벽 거푸집에서 콘크리트 측압에 의해 벌어지는 것을 방지하는 긴결재

4) 박리재(Form Oil)

거푸집의 탈형과 청소를 용이하게 만들기 위해 합판 거푸집 표면에 미리 바르는 것

5) 커터기(Wire Cliper)

거푸집 긴장철선(반셍)을 콘크리트 경화 후 절단하는 절단기

6) 칼럼밴드(Column Band) 일명 반도

* 기둥 거푸집의 고정 및 측압 버팀용으로 주로 합판 및 유로폼 거푸집에서 사용되는 것

아. 거푸집 면적 산출

1) 기둥: 기둥 둘레 길이×높이=거푸집 면적
2) 기둥 높이: 바닥판 내부간 높이
3) 벽: (벽 면적-개구부 면적)×2
4) 개구부: 면적이 1㎡ 미만인 경우 거푸집 면적에 산입한다.
5) 기초: 경사도 30도 미만은 면적 계산에서 제외한다.
6) 보: 기둥 내부 간 길이×바닥판 두께를 뺀 보 옆 면적×2
7) 바닥: 외벽의 두께를 뺀 내벽 간 바닥 면적

자. 거푸집의 종류

합판거푸집, 유로폼, 벽체전용 거푸집, 바닥판 전용 거푸집, 바닥과 벽 일체용 거푸집 등

1) 바닥과 벽체용 거푸집

가) 터널폼(Tunnel Form, Steel Form)

대형 형틀로서 슬래브와 벽체의 콘크리트 타설을 일체화하기 위한 것으로 한 구획 전체의 벽판과 바닥판을 ㄱ자형 또는 ㄷ자형으로 짜는 거푸집 일체형으로 수평 이동하면서 타설하는 거푸집을 말하며 라이닝폼이라고도 한다.

2) 트래블링폼(Traveling Form)

이동식 시스템 폼으로 한 구간의 콘크리트 타설 후 다음 구간으로 수평이동이 가능한 폼이

다. 콘크리트를 부어 가면서 경화 정도에 따라 거푸집을 수직 또는 수평으로 이동시키면서 연속해서 콘크리트를 타설할 수 있는 거푸집을 말한다. 슬립폼이라고 한다.

3) 테이블폼

바닥에 콘크리트를 타설하기 위한 거푸집으로서 장선, 멍에, 서포트 등을 일체로 제작한 거푸집으로 바닥판 전용 거푸집으로 일반적으로 슬래브(바닥) 형틀은 동바리 위에 멍에, 장선 등을 조립하고 그 위에 합판 등을 깔아 바닥을 형성하는 방식으로 만들어진다. 테이블 폼은 이런 조립과정을 생략할 수 있도록 하부 동바리에서 상부 바닥판(합판)까지 일체형으로 만들어져 시간과 인력을 줄일 수 있는 방식이다.

4) 워플 폼(Waffle Form)

무량판 구조, 평판 구조에서 특수상자 모양의 기성재 거푸집으로 2방향 장선바닥판 구조가 가능하며, 격자천정형식을 만들때 사용하는 거푸집

* 무량판 구조: RC구조에서 보를 사용하지 않고 바닥슬래브를 직접 기둥에 지지시키는 구조방식

5) 데크 플레이트(Deck Plate)

철골조 보에 걸어 지주 없이 쓰이는 바닥판 철판으로 초고층 슬래브용 거푸집으로 많이 사용한다. 철판의 두께는 1.2~2.3T까지 사용한다.

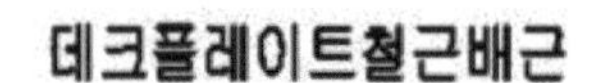

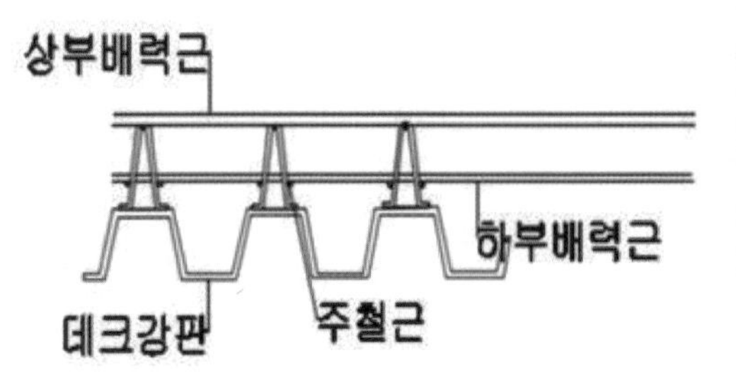

6) 갱폼(Gang Form)

사용할 때마다 조립, 분해를 반복하지 않고 대형화, 단순화하여 한번에 설치하고 해체하는 거푸집 시스템으로 주로 외벽의 두꺼운 벽체나 옹벽, 피어 기초 등에 이용된다.

① 장점

- 조립과 해체 작업이 생략되어 설치 시간이 단축된다.
- 거푸집의 처짐량이 작고 외력에 대한 안전성이 우수하다.
- 인력이 절감되며 기능공의 기능도에 크게 좌우되지 않는다.
- 주요 부재의 재사용이 가능하며 전용성이 우수하다.

② 단점

- 중량이 크므로 운반 시 대형 양중 장비가 필요하다.
- 거푸집 제작비용이 크므로 초기투자비용이 증가한다.
- 거푸집 제작, 조립시간이 필요하다.
- 복잡한 건물형상에 불리하고 세부가공이 어렵다.

7) 클라이밍폼(Climbing Form)

단면형상에 변화가 없는 높이 1~1.2m 정도의 조립된 거푸집을 요오크로 끌어올리면서 연속타설하는 수직활동 거푸집공법으로 곡물창고 등의 시공에 적합하다.

8) 무지주(Non Support)공법

지주 없이 수평지지보를 걸쳐 거푸집을 지지하는 공법

- 보우빔(Bow Beam): 강재의 장력을 이용하여 만든 조립보로서 무지주공법에 이용되는 수평지지보(수평 조절 불가능)
- 페코빔(Pecco Beam): 간사이에 따라 신축이 가능한 무지주공법의 수평지지보

4 철근콘크리트구조 구조에 의한 분류

가. 기둥식구조

기둥과 보가 건물의 하중을 떠받치는 건축 구조. 층간 소음 효과가 뛰어나지만 벽식 구조와 비교하면 사업성이 떨어지고 공급 면적도 줄어드는 단점도 있지만 아파트를 제외한 일반 건축물은 기둥식구조가 많으며 동아시아 건축물은 기둥식구조이고 서양 건축물은 벽식구조가 많다.

1) 기둥식구조의 장단점

- 장점: 층간소음이 적다, 층고가 높다, 건축물 수명이 길다. 구조변경이 자유롭다.
- 단점: 공사비가 고가이다. 기둥으로 인해 공간 효율이 떨어진다. 벽식구조에 비해 내진성능이 떨어진다.

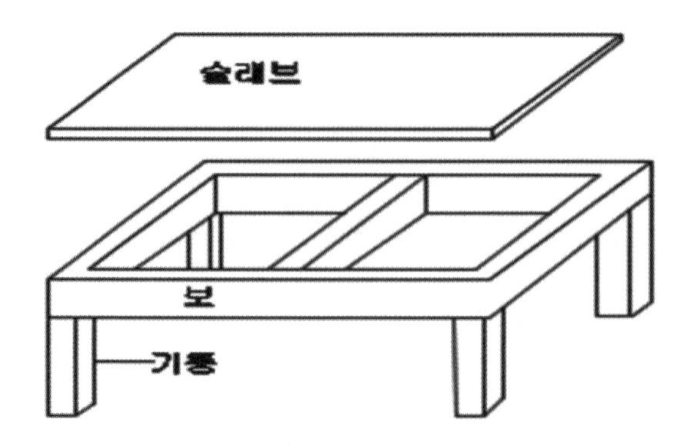

나. 벽식구조

보와 기둥이 없고 내력벽으로 슬래브를 지지하고 있는 구조로 우리나라 아파트의 90%가 벽식 구조로 건축물의 내부공간 활용도가 높으나 층간소음에 취약하다.

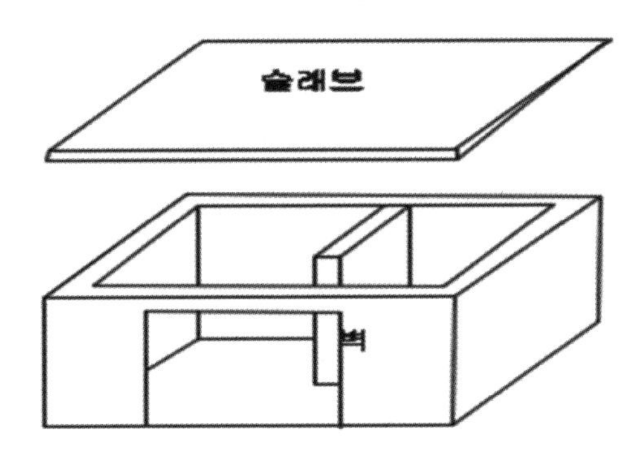

1) 벽식구조의 장단점

- 장점: 내진성능이 우수하다, 공사비가 저렴하고 세대간 방음이 좋다, 채광면적이 넓고 공사기간이 짧다.
- 단점: 층간소음에 취약하고 구조변경이 불가하고 전 세대가 동일한 구조이다.

다. 무량판구조

건축물의 뼈대를 구성하는 방식의 하나인데, 수직재의 기둥에 연결되어 하중을 지탱하고 있는 수평구조 부재인 보(beam)가 없이 기둥과 슬래브(slab)로 구성된다.

1) 플랫 슬래브(flat slab)

기둥과 슬래브 사이에 뚫림 전단이 발생할 수 있으므로 이에 저항하기 위해 지판(drop panel)을 설치하고 돌출된 보는 없어도 보 철근은 배근이 되고 슬래브 철근도 배근한다.

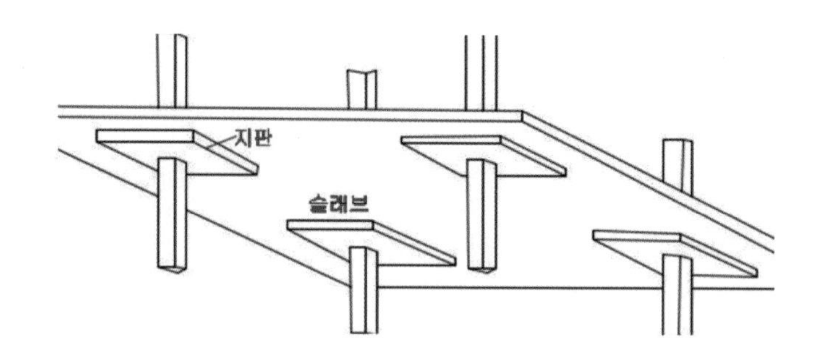

* 국내에서는 플랫슬래브에서 양단부만 보 철근이 배근되기도 하나 해외근무 시에 무량판 구조는 기둥과 기둥 사이 보철근이 배근되며 보철근이 배근되는 것이 정상이다.

2) 무량판구조의 장단점

- 장점: 시공이 쉽고 구조변경이 자유롭고 경제성이 우수하다.
- 단점: 연직하중, 지진하중 등에 기둥과 슬래브 접합부에 전단파괴 가능성이 있다.

5 철근콘크리트구조 시공순서

철근콘크리트구조, 철골구조, 조적식구조, 목구조 등 기초공사는 동일하다. 기초공사는 앞에서 서술하였으므로 생략하고 1층 바닥 콘크리트부터 설명하기로 한다. 건축시공은 선후관계가 정확히 맞아야 하고 기초바닥에서 먹매김부터 시작하게 된다.

가. 먹매김

가설공사에서 수평규준틀에 의해 먹매김을 하는데 도면상 건축물 중심선은 철근 또는 안카볼트 등에 의해 먹매김이 불가하고 거푸집이나 기타 구조물을 설치 후 정확하게 됐는지 확인을 위해 반드시 기준먹을 놓아야 하며 기준먹은 건축물 중심선에서 500㎜ 또는 1,000㎜ 이격시켜서 먹줄을 놓고 기준선에서 줄자로 실측하여 벽 또는 기둥의 위치를 표시한다.

1) 먹매김의 정의

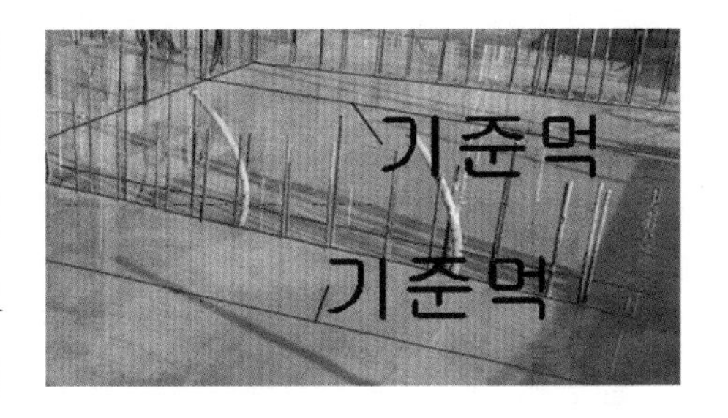

먹매김은 건축 공사 시 먹통, 먹물, 실(먹줄)을 이용하여 기초, 기둥, 옹벽 등이 세워질 곳에 표시해 두는 작업을 말한다. 먹매김을 할 때는 도면에 축소되어 표시된 것을 실제 시공위치에 축척 1:1의 비율로 표시하고, 먹매김 작업 후 합판 재질의 거푸집, 유로폼을 이용한 형틀작업과 철근 배근작업이 이루어진다.

나. 토대(네모도) 설치

1) 중심선에서 500㎜ 또는 1,000㎜ 떨어져 기준먹을 놓고 기준먹에서 줄자로 실측하여 기둥 또는 옹벽위치를 정확히 먹을 놓고 먹선에 따라 토대(네모도)를 수평이 되게 일정한 높이로 설치한다.

2) 토대(네모도)는 유로폼 또는 갱폼 거푸집에서 수평이 맞지 않으면 폼타이 및 타이볼트 구멍이 맞지 않아 조립을 할 수 없을 뿐더러 합판 거푸집도 수평이 맞지 않으면 작업속도가 느리기 때문에 필수적이라 할 수 있다.

3) 기준먹이 없으면 시공결과를 검토 및 확인이 불가능하다.

다. 거푸집 설치작업

1) 기 설치된 토대(네모도) 위에 유로폼 거푸집을 설치한다. 거푸집 하단은 토대상단에 못으로 고정시키고 폼타이를 폼 1장에 3개씩 절대 누락 없이 체결하고 횡바다 종바다를 체결하고 헹가로 고정한다.

2) 설계치수대로 철근을 누락 없이 주철근과 띠철근을 배근하고 수직거푸집용 PVC스페이서를 폼 1장당 1개씩 최외단 철근에 끼우고 반대쪽 거푸집을 설치한다.

3) 슬래브가 설치되는 벽은 내부거푸집을 시공하고 슬래브를 완성한 뒤 외부거푸집을 설치한다.

* 위 그림에서 스페이서 설치는 거푸집에 철근이 닿는 면에 단열재를 부착한 경우 단열재에 철근이 닿는 부분은 필히 벽체용 스페이서를 설치해야 철근피복두께가 확보된다.
* 스페이서를 설치하지 않거나 바닥슬래브 스페이서 대신 벽돌을 사용하는 것은 전형적인 부실공사다. 벽돌은 강도도 부족하고 다공질로 수분이 침투하여 철근 부식의 원인이 되므로 반드시 고강도 시멘트로 제작된 스페이서를 사용해야 한다.

4) 복철근의 경우 안팎철근 스페서 및 철근누락을 확인하고 전선관 및 급수관 등 누락이 없는지 확인 후 바깥 거푸집을 설치한다.

5) 기둥도 벽체와 같이 토대(네모도)를 설치하고 4면 스페이서를 설치 후 거푸집 시공을 한다.

6) 기둥과 내벽 거푸집 및 테두리보 거푸집 시공후 보 거푸집을 시공하는데 보는 하부거푸집(소꼬)를 먼저 설치하고 서포트(support)를 설치한다.

* 테두리보: 철근콘크리트조에서 테두리보는 보의 인장철근의 기본 정착길이 300㎜ 이상을 확보하기 위해 테두리보를 설치한다.

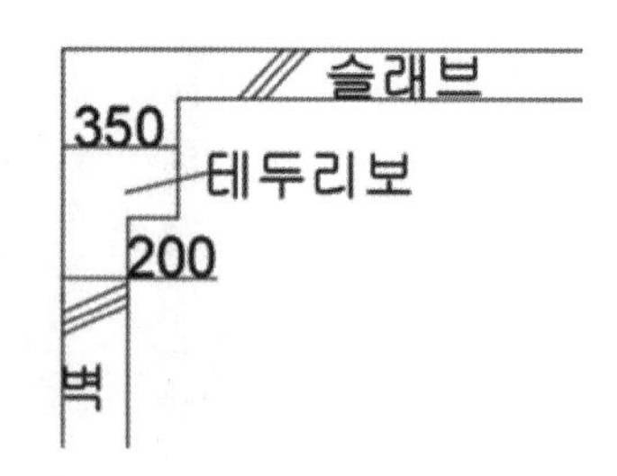

* 보밑거푸집(소꼬) 제작 및 설치
  - 소꼬 제작용 각재를 오비끼라고 부르며 3치각이라 하여 산승각이라고도 부른다.
  - 90㎜*90㎜ 각재이나 최근에 85㎜ 또는 75㎜로 줄여진 각재를 많이 쓴다.

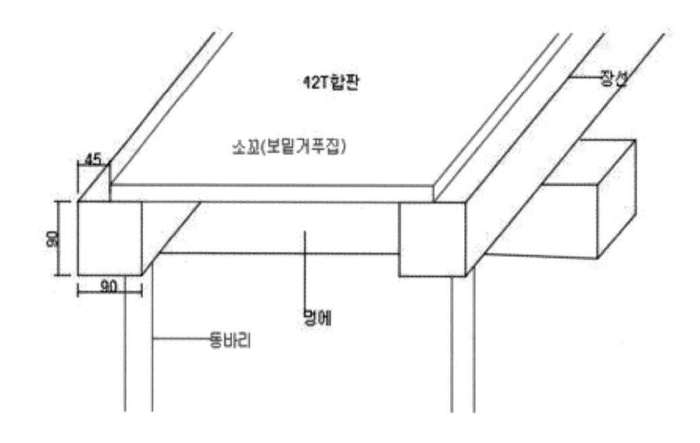

위 그림과 같이 소꼬를 제작 후 기둥과 기둥 사이 또는 기둥과 테두리보 사이를 연결 후 동바리(support)를 받치고 측면거푸집(소도가와)를 부착한다.

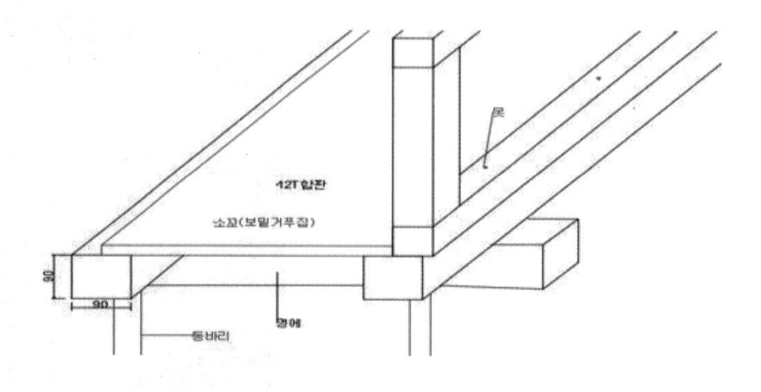

위 그림처럼 소도가와는 위에서 아래로 박혀져야 콘크리트 측압에 대응할 수 있다.

보 측면거푸집(소도가와) 부착 후 슬래브 거푸집을 설치한다.

7) 거푸집 조립 및 해체작업을 하는 근로자는 산업안전보건법 제47조 및 유해·위험작업의 취업 제한에 관한 규칙에 의하여 기능습득교육을 받은 자 또는 동등 이상의 자격을 갖춘 자이어야 한다.

8) 슬래브 거푸집은 슬래브 양단부에 장선 1개씩을 설치하고 장선목에다 멍에를 고정시키며 동바리(support)를 설치해 가며 멍에를 설치하고 난 뒤 장선목을 300㎜ 간격으로 설치한다.

9) 장선 설치가 끝난 후 보측면 거푸집 양끝단에 맞추어 실을 친 다음에 실선에 맞추어 12㎜ 내수 합판으로 슬래브 바닥판을 시공한다.

10) 파이프서포트(강관동바리) 설치기준 법적용

가) 산업안전보건법 제42조에 따른 유해위험방지계획 수립현장

나) 건설기술진흥법 제59조의2 건설사업관리계획 수립대상 현장

다) 건설기술진흥법 제98조 안전관리계획 수립대상 현장

라) 건설기술진흥법 제101조의5 소규모 건축공사 안전관리계획수립, 제101조의2(가설구조물의 구조적 안전성 확인)

마) 그 대상의 범위

- 연면적이 660㎡ 이상인 건축물의 건축공사
- 총공사비가 2억원 이상인 전문공사
- 그 밖에 건설공사의 부실시공 및 안전사고의 예방 등을 위해 발주청이 건설사업관리계획을 수립할 필요가 있다고 인정하는 건설공사

11) 동바리 설치기준

가) 동바리는 침하를 방지하고, 각 부가 이동하지 않도록 고정하고 충분한 강도와 안전성을 갖도록 시공하여야 한다.

나) 파이프 서포트와 같이 단품으로 사용되는 동바리는 이어서 사용하지 않아야 한다.

다) 파이프 서포트와 같이 단품으로 사용되는 동바리의 높이가 3.5m를 초과하는 경우에는 높이 2m 이내마다 수평연결재를 양방향으로 설치하고, 연결부분에 변위가 일어나지 않도록 수평연결재의 끝 부분은 단단한 구조체에 연결되어야 한다. 다만, 수평연결재를 설치하지 않거나, 영구 구조체에 연결하는 것이 불가능할 경우에는 동바리 전체길이를 좌굴길이로 계산하여야 한다.

라) 경사면에 수직하게 설치되는 동바리는 경사면방향 분력으로 인하여 미끄러짐 및 전도가 발생할 수 있으므로 모든 동바리에 가새를 설치하여 안전하도록 하여야 한다.

마) 수직으로 설치된 동바리의 바닥이 경사진 경우에는 고임재 등을 이용하여 동바리 바닥이 수평이 되도록 하여야 하며, 고임재는 미끄러지지 않도록 바닥에 고정시켜야 한다.

바) 해빙 시의 대책을 수립하여 공사감독자의 승인을 받은 경우 이외에는 동결지반 위에는 동바리를 설치하지 않아야 한다.

사) 동바리를 지반에 설치할 경우에는 침하를 방지하기 위하여 콘크리트를 타설하거나, 두께 45㎜ 이상의 받침목, 전용 받침 철물, 받침판 등을 설치하여야 한다.

아) 지반에 설치된 동바리는 강우로 인하여 토사가 씻겨나가지 않도록 보호하여야 한다.

자) 겹침이음을 하는 수평연결재간의 이격되는 순 간격이 100㎜ 이내가 되도록 하고, 각각의 교차부에는 볼트나 클램프 등의 전용철물을 사용하여 연결하여야 한다.

차) 동바리 상부에서의 작업은 U헤드 및 받침 철물의 접합을 안전하게 한 상태에서 하여야 하며, 동바리에 삽입되는 U헤드 및 받침 철물 등의 삽입길이는 U헤드 및 받침 철물 전체 길이의 3분의 1 이상이 되도록 하여야 한다. 다만, 고정형 받침 철물의 경우는 9㎜ 이상이어야 한다.

★ 건설기술진흥법 제101조 대상건축물은 가설재(강관비계, 파이프서포트, 시스템서포트)는 휨강도시험 및 인장강도시험을 해야 하고 안전관리계획서를 민간공사는 인허가기관 관급공사는 발주청에 제출해야 한다.

12) 파이프서포트는 높이 2m마다 수평연결재를 2개 방향으로 설치하여 변위 방지조치를 해야 한다(산업안전보건에 관한 규칙 332조).

특히 기둥식 구조에서는 파이프서포트인 경우 필히 2개 방향으로 가새를 설치해야 한다. 스래브 콘크리트 타설 시 붕괴사고는 가새설치 생략으로 발생한다.

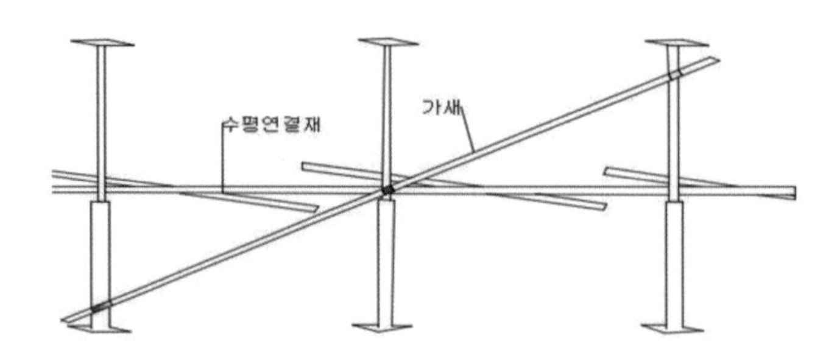

라. 철근 배근 작업

1) 철근 배근 순서

가) 단변방향의 철근이 주철근이고 길이방향의 철근을 온도철근 또는 배력근이라 한다.

나) 바닥판이나 슬래브는 하부철근 중에 주근을 먼저 설치하고 난 뒤 길이방향 철근 즉 배력근을 배근한다.

다) 하부철근이 배근 완료되면 오수관, 하수관, 급수관, 전선관을 배관한다.

라) 모든 배관 완료 후 상부철근을 배근한다. 이때 길이방향 철근을 배근하고 난 뒤 단변방향 주철근을 배근한다.

마) 철근의 피복두께 유지를 위해 보의 측면과 슬래브 바닥면에 반드시 스페이서를 사용해야 한다.

2) 콘크리트 타설 전 점검사항

가) 급, 배수, 오수 등의 설비배관 상태 확인

나) 전선입선 상태 확인

다) 철근의 피복 두께 확인

라) 콘크리트의 종류 및 사양

마) 시멘트는 포틀랜드시멘트를 사용한다.

바) 4주 압축강도: 21Mpa, 24Mpa

사) 슬럼프: 12㎝

3) 콘크리트 타설계획

- 타설계획서 작성
- 펌프카 위치, 믹서트럭 배치, 신호수 및 안전간판 배치 등 표기(도면)
- 레미콘 품질사항 기록
- 차량계건설기계 작업계획서 작성
- 콘크리트 펌프카
- 콘크리트 믹서트럭(신호수 포함): 누락시켜서 고노부 점검 시 지적 당함
- 도로점용허가 및 경찰서 신고
- 대기차선에 대한 도로 점용(구청)
- 작업사항 경찰서 신고(미 신고시 범칙금 발부)
- 레미콘 생산시간에 맞춰 타설 계획 수립

4) 타설 시 주의 사항

가) 타설

- 콘크리트 낙하거리는 1m 이하로 하며 수직 타설을 원칙으로 한다.
- 이어 붓기는 하지 않는 것을 원칙으로 하나 부득이한 경우 다음에 따른다.
- 슬래브의 이어 붓기 위치: Span의 1/2 부근에서 수직으로 한다.
- 이어 붓기 시간은 외기 25℃ 이상일 때 2시간, 미만일 때 2.5시간 이내로 한다.
- 타설 장비: 펌프카 중형

나) 콘크리트 다짐

① 진동기(바이브레타) 사용법

- 바이브레타 다짐봉을 60㎝ 간격으로 30~40초간 다짐한다.
- 다짐봉을 찔러넣을 때는 신속하게, 빼낼 때는 7~8초간 천천히 빼내면서 기포가 따라 올라오게 한다.
- 다짐봉이 거푸집에 닿지 않도록 한다. 거푸집에 닿으면 거푸집에 물방울이 발생하여 거푸집 제거 후 기포자국(물곤보)이 생긴다.
- 다짐봉을 철근에 닿지 않도록 한다. 철근에 닿으면 콘크리트와 철근의 부착력이 떨어진다.

다) 콘크리트 다짐을 게을리 하면 부실공사로 이어진다.

- 위의 사진은 콘크리트 다짐을 게을리하여 발생한 것으로 철거 대상이다. 이와 같이 시공하고도 공사업자들은 시멘트몰탈로 메꾸면 된다고 한다.
- 시멘트몰탈은 레미콘 콘크리트와 같은 강도가 나오지 않으며 수밀성이 떨어져 습기로 인한 철근 부식의 원인이 되며 내진성능은 없어진다.

※ 설계만 내진설계한다고 건축물이 내진성능을 가지는 것이 아니다. 위와 같은 상황이 발생하면 고강도시멘트몰탈로 메꾸거나 철거 후 재시공하는 것이 답이다.

5) 콘크리트 양생

급격한 수분 증발로 인한 균열을 방지하기 위해 콘크리트 타설 후 4시간 경과 후 비닐이나 부직포로 덮어 수분증발을 방지하고 수축균열을 방지해야 한다.

가) 시멘트는 수경성 재료로 수분이 있어야 경화가 되며 압축강도가 제대로 나온다.

나) 일사광에 노출시키면 급격한 수분증발로 균열이 생기고 굳는 것이 아니라 건조가 되어 압축강도가 현저하게 떨어진다.

다) 공사현장에서 콘크리트 타설 후 양생기간 없이 바로 일을 하게 되면 눈에 보이지 않는 균열이 발생하는데 이는 다시 붙지 않아 누수현상이 발생하고 건축물 수명이 현저히 단축된다.

※ 해외 현장에서는 슬래브 콘크리트는 일반적으로 15일 이상 습윤양생한다.

6) 거푸집 해체시기

가) 바닥 보 밑 지붕 slab 거푸집 존치기간은 만곡강도의 80% 이상일 때 받침기둥을 제거하고 해체한다.

나) 만곡강도는 콘크리트 타설 후 28일 경과 후 압축강도를 말한다.

다) 거푸집 존치기간 계산은 콘크리트 경화 중 최저 기온이 5℃ 이하로 되었을 때 1일을 0.5일로 환산하여 존치기간을 연장한다.

라) 기온이 0℃ 이하일 때 존치기간을 산입하지 않는다.

마. 콘크리트 구조체공사 물량 산출

1) 거푸집 물량 산출

가) 기둥: 기둥 둘레 길이×높이=거푸집 면

나) 기둥 높이: 바닥판 내부간 높이

다) 벽: (벽 면적-개구부 면적)×2

라) 개구부: 면적이 1㎡ 미만인 경우 거푸집 면적에 산입한다.

마) 기초: 경사도 30도 미만은 면적 계산에서 제외한다.

바) 보: 기둥 내부 간 길이×바닥판 두께를 뺀 보 옆 면적×2

사) 바닥: 외벽의 두께를 뺀 내벽 간 바닥 면적

※ 거푸집물량의 단위는 ㎡로 하며 건축에서 '헤베'라고 부르며 개구부는 1㎡ 미만은 면적 산출에 포함하지 않는다.

2) 철근 물량 산출

가) 이형 철근의 단위 중량

규격	중량(kg)	길이(m)	규격	중량(kg)	길이(m)
D10	0.56	1	D13	0.995	1
D16	1.56	1	D19	2.25	1
D22	3.04	1	D25	3.98	1

나) 예를 들어 길이 폭 10×10m에 D10 @200이라면 (10m/0.2m+1)개수×10길이×0.56무게=285.6kg×2(가로, 세로)=571.2kg 정미수량

이형 철근의 할증률 3%를 적용하면 된다. 정미수량+할증률=철근소요량

3) 콘크리트 물량 산출

가로×세로×두께=㎥(입방미터)로 산출한다. 입방미터를 '루베'라고 부른다.

예: 가로 10m×세로 10m×0.2m=20㎥(루베)로 계산한다.

★ 철근콘크리트구조를 마치며

특히 구조체공사에서 감독자가 눈만 돌리면 부실공사가 발생한다는 것을 알 수 있다. 위 그림과 같이 시공하면 머지 않아 건축물이 균열이 가고 건축물이 균열이 생기면 누수가되고 누수가 되면 곰팡이가 발생하고 건강에도 문제가 생긴다.

흙에 묻히는 부분은 버림콘크리트 위에서 철근 피복 두께가 80㎜임에도 흙바닥 위에서 벽돌 1장은 57㎜이며 벽돌은 다공질로 수분이 침투되어 철근이 부식되며 철근이 땅에 닿거나 흙이 묻으면 콘크리트와 철근의 부착력이 떨어지고 콘크리트의 수명을 절반 이상으로 단축시킨다.

관공서 건물은 균열이 거의 없는데 민간건물은 균열이 많고 누수가 문제가 되는 것은 건축주들이 이처럼 감독하지 않고 부실공사하는데도 일 잘 했다고 칭찬하는 데서 비롯된다.

기초공사 부실로 상부구조물 균열

지은 지 10년 이상 된 주택 50% 이상이 철근의 피복 두께 불량으로 집수리를 하려고 천장을 뜯으면 이렇게 되어 있다. 이유는 슬래브 스페이스 생략으로 두께 10㎜ 정도로 된 피복이 탈락된 현상이다. 이런 집에서 생명을 담보할 수 있을까?

제11편 경량목구조

1 목구조(木構造)

가. 목구조(木構造)의 정의

목구조는 목재를 사용하여 가구처럼 가늘고 긴 부재를 사용하여 만들어진 구조를 말한다. 목재는 무게가 가볍고 가공이 쉽고 인장강도가 압축강도의 13배로 구조재로 사용할 수 있다. 이와 같이 가늘고 긴 부재를 사용한 목구조는 내진성능과 단열성능이 우수하나 부재의 조립과 접합방법 여하에 따라 견고 또는 약하게 될 수 있다. 일명 가구식 구조라고도 한다.

★ 우리네 조상들은 수천년을 내려 오면서 목구조의 집으로 생활해 왔으며 오늘날 서구식 목조주택이 활성화되면서 조상의 얼이 깃든 한옥은 잊혀져 가는 듯한 느낌도 든다. 또한 서구식 목조주택 시공자들이 자기네들이 하는 것이 원칙이라고 한다.
그러나 원칙은 연결철물(허리케인타이, 장선걸이 등)을 덕지덕지 쓴다고 원칙이 아니고 수십 년이 가도 변형되지 않고 원형이 보존되며 시공성이 좋고 정밀성이 충족됐을 때 원칙이라고 할 수 있다. 놀이터에 지어진 정자를 보면 연결철물을 많이 사용했지만 몇 년 안 가서 비틀림과 변형이 되어 있다. 그러나 내가 20년 전에 6*6(140*140㎜) 기둥과 도리 그리고 서까래는 2*4(38*89㎜) 각재를 이용하여 사괘맞춤으로 지은 정자가 지금도 조금도 변형이 되지 않고 있다. 그러면 여러분들은 어느 것이 원칙이라고 하는가?
전기톱이나 엔진톱으로 사괘맞춤은 연결철물을 드릴로 박는 것과 작업시간의 차이가 없다. 내가 성불사와 구학사 대웅전을 지을 때처럼 목재의 현장 가공이 없다면 서구식의 맞댄이음과 목재의 맞춤을 병행하는 것도 좋은 방법이라 생각한다.

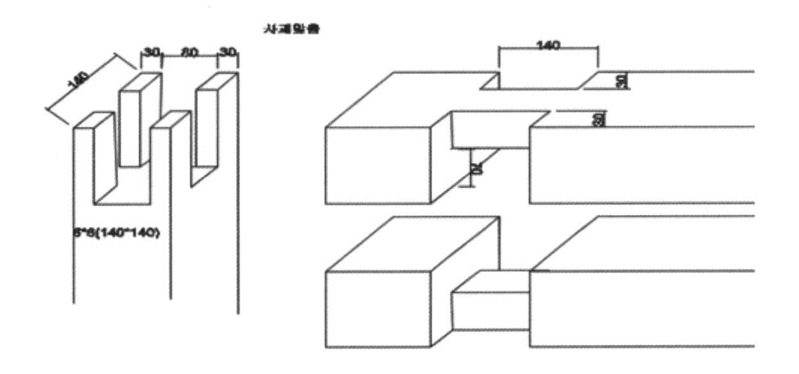

나. 목조주택의 특성

1) 장점

가) 단열성: 목재는 열전도율이 낮아 단열성이 우수하다.

나) 시공성: 목재는 인장 강도가 압축강도의 13배에 달하고 비중은 0.6으로 가볍고 부드럽고 가공이 쉬워 시공성이 좋고 공사기간이 짧다.

다) 친환경성: 목재는 목재에서 발생되는 음이온으로 인하여 아토피성 질병이나 새집증후군으로부터 안전하다.

라) 내진성: 가구식구조로 내진성능이 우수하다.

2) 단점

가) 난연성: 화재로부터 취약하나 화재 시 인명피해는 콘크리트 건물보다 적다. 또한 방염처리로 화재로부터 안전성이 보장된다.

- 좌측 사진: 렌지 위에 편백루바 두 개를 올려놓고 불을 붙였는데 두 목재가 불이 붙은 것 같다.
- 우측 사진: 불을 끄고 나니 방염처리한 목재는 그을음만 있고 방염처리하지 않은 목재는 불이 활활 타고 있다.

울주군에 있는 그린우드에서 방염처리 시연회 사진

나) 내습성: 습기에 취약한 점이 있으나 레인스크린, 밴트 등 통풍이 잘되는 구조로 해결가능하다.

다) 목구조는 전문기술자가 필요하다. 기술의 정도에 따라 수명이나 수평력 등 현저한 차이가 난다.

2 목조주택 시공에서 먹매김

가. 먹매김

가설공사에서 수평규준틀에 의해 먹매김을 하는데 도면상 건축물 중심선은 철근 또는 안카볼트 등에 의해 먹매김이 불가하고 거푸집이나 기타 구조물을 설치 후 정확하게 됐는지 확인을 위해 반드시 기준먹을 놓아야 하며 기준먹은 건축물 중심선에서 500㎜ 또는 1,000㎜ 이격시켜서 먹줄을 놓고 기준선에서 줄자로 실측하여 벽 또는 기둥의 위치를 표시한다.

1) 먹매김의 정의

먹매김은 건축 공사 시 먹통, 먹물, 실(먹줄)을 이용하여 기초, 기둥, 옹벽 등이 세워질 곳에 표시해 두는 작업을 말한다. 먹매김을 할 때는 도면에 축소되어 표시된 것을 실제 시공위치에 축척 1:1의 비율로 표시하고, 먹매김 작업 후 합판 재질의 거푸집, 유로폼을 이용한 형틀작업과 철근 배근작업 및 목구조의 외벽과 내벽작업이 이루어진다.

나. 상세도면 검토하기

먹매김은 구조물 전체를 세우기 위한 기초작업으로 매우 중요한 부분이며 먹매김 작업이 실수 또는 오류가 생긴다면 건축물 전체가 잘못되므로 상세도면 검토는 필수이며 시공결과 확인을 위해서 반드시 기준먹줄을 놓고 기준먹줄을 근거로 벽체 및 기둥의 위치를 표시한다.
* 목조주택의 경우는 바닥콘크리트 타설 전에 L형 안카볼트를 철근에 고정시키고 콘크리트

타설 시 이동 및 변형이 없도록 정확한 위치에 고정시킨 다음 콘크리트를 타설한다. 간혹 일을 쉽게 하기 위해 토대 및 밑깔도리를 설치하고 셀안카를 사용하기도 한다.

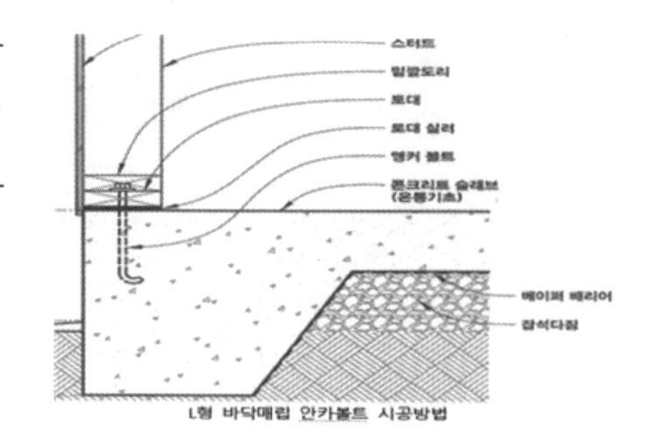

이 장에서는 매립형 안카볼트 위주로 알아보기로 한다.

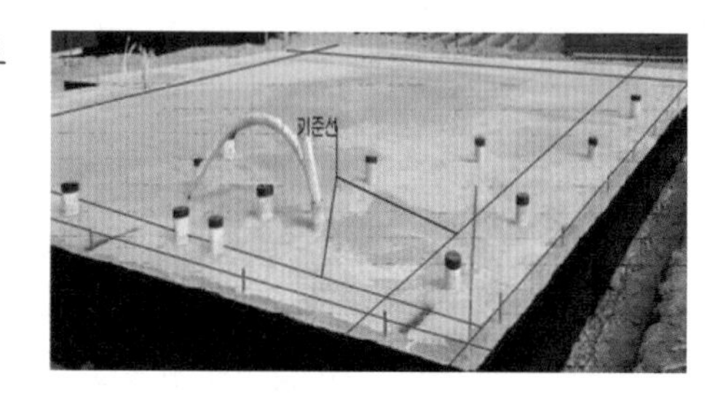

다. 토대설치

1) 중심선에서 500㎜ 또는 1,000㎜ 떨어져 기준먹을 놓고 기준먹에서 줄자로 실측하여 기둥 또는 벽 위치를 정확히 먹을 놓고 먹선에 따라 실실러를 설치한다.
   * 실실러는 콘크리트에서 올라오는 수분이 목재에 직접 닿지 않도록 하기 위함이다.

2) 토대는 방부목을 사용해야 하며 방부목인 토대목을 먹선에 맞추어 갖다 대고 안카볼트 위치를 토대목에 표시한 다음 표시된 위치에 드릴로 천공한 뒤 토대목을 안카볼트에 끼워 볼트를 체결하여 고정시킨다.

3) 토대목 위에 볼트를 잘라내고 구조목을 토대 위에 얹어 볼트머리를 표시한 후 안카볼트 너트자리를 파낸 다음 5인치 또는 6인치 대패로 밑깔도

리(구조목)를 깎아내어 수평을 맞춘다.

4) 바닥 콘크리트가 수평이 맞지 않기 때문에 반드시 수평을 맞추어야 한다.

* 어느 현장을 방문했더니 기초콘크리트를 수평이 너무 안 맞으니 토대목과 밑깔도리를 생긴 대로 깔고 벽틀 밑에 목재로 고여서 시공하는 데도 있기는 하였다.

5) 기준먹이 없으면 시공결과를 검토 및 확인이 불가능하다.

3 바닥구조물 시공하기

대개 극지방에서는 바닥에서 올라 냉기를 차단하기 위해서 바닥마루를 시공하고 마루위에서 벽체를 시공하기도 하고 정원에서 데크마루로 올라가는 계단을 5~6단 만들기 때문에 집이 웅장하게 보이기 위해 전원주택을 바닥시공 후 벽체시공을 하기도 하나 일반적이지 않으므로 생략한다.

4 구조물 제작 설치

가. 목구조의 구조요소

1) 토대: 기초 상단에 고정하는 수평 구조체로 토대 위에 바닥 장선을 앉힌다. 가압 방부처리한 규격재를 사용한다.
2) 토대 고정 볼트: 기초에 토대를 고정하는 데 사용하는 L형 토대 고정 볼트. 주목적은 상항력과 횡방향 하중에 저항하기 위하여 사용한다.
3) 장선: 바닥, 천장, 지붕의 하중을 지지하는 일련의 수평 구조부재. 규격재나 공학 목재를 사용한다.
4) 끝막이 장선: 장선 끝면과 직각으로 고정하는 수평부재
5) 밑깔도리: 스터드 하단 끝면에 스터드와 직교방향으로 연결하는 수평 구조부재
6) 장선띠장: 장선의 강성을 높이기 위하여 장선 하단에 접합하는 수평 가새. 가는 부재를 사용한다.
7) 보: 바닥과 지붕의 장선을 지지하는 큰 치수의 구조부재.
8) 바닥덮개: 장선의 윗면에 수평으로 설치하는 목질판재(침엽수 합판, OSB).
9) 스터드(샛기둥): 외벽 또는 내벽 골조에 사용하는 수직부재
10) 위깔도리: 스터드의 상단 면에 스터드의 직교방향으로 설치하는 가로 부재로 윗막이 보
11) 장선가새: 바닥장선 사이에 설치하는 짧은 대각선 가새. 장선의 좌굴방지
12) 트러스: 지붕과 그 위에 작용하는 하중을 지지하는 경사구조로 절충식 지붕틀이라고 한다.
13) 서까래: 지붕과 외력 즉 적설하중 등을 지지하는 경사부재로 장선과 조합되어 일종의 트러

스 역할을 하는 부재

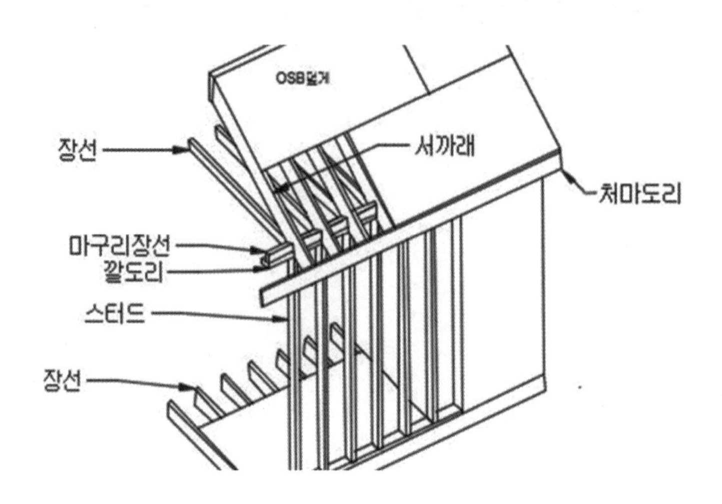

나. 경량목구조 부재 규격

1) 구조재 규격

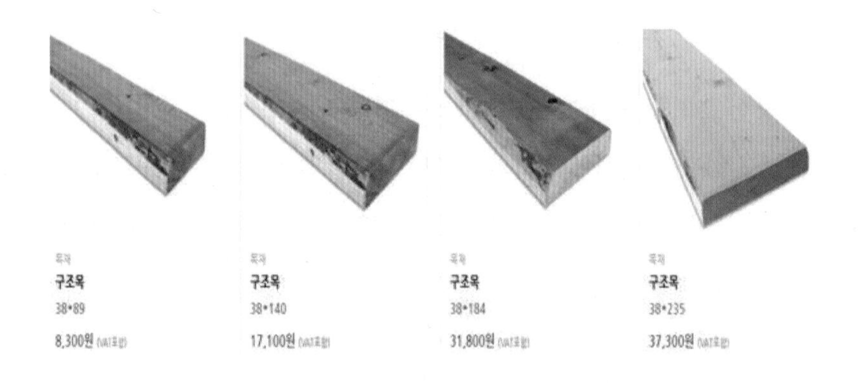

명칭	규격(mm)	사용용도
투바이투	2*2=38*38	주로 난간봉 또는 기타 보강용으로 사용
투바이쓰리	2*3=38*63	지붕덮개 위에 서까래 간격으로 시공 후 단열재 삽입 후 OSB 부착 후 지붕마감용
투바이포	2*4=38*89	내부칸막이 및 난간봉 지지대용
투바이식스	2*6=38*140	서까래, 데크마루 장선, 처마도리, 외부벽체, 난간손잡이용

투바이에잍	2*8=38*185	바닥장선, 서까래, 마루대, 처마도리, 기타
투바이텐	2*10=38*235	바닥장선 바닥 위 하중고려하여 사용
투바이투웰브	2*12=38*285	계단재로 사용
포바이포	4*4=89*89	난간기둥, 기타
식스바이식스	6*6=140*140	정자기둥 기타
원바이 에잍	1*8=19*185	박공용
원바이 텐	1*10=19*235	박공용
데크용판재(마루판)	95*3600*15	보통 업소 앞에 설치된 마루판
데크용판재(마루판)	120*3600*19, 120*3600*21	전원주택 데크용

국내 모든 건축교재는 목구조재가 피트 또는 인치로 기재된 것은 책을 쓴 자들이 기본 지식이 없어 외국서적을 카피 또는 인용하기 때문이다. 국내 건축설계가 미터법으로 되기 때문에 재료 또한 미터법 표기가 원칙이다. 실제로 건우 하우징이나 다른 사이트에 보면 구조재뿐만 아니라 모든 재료가 미터법으로 표기되어 있다.

2) 구조용 판재 규격

합판 4*8	규격(㎜)	OSB 4*8	규격(㎜)	규격(inch)
	1220*2440*3		1220*2440*7.9	4*8*5/16
	1220*2440*5		1220*2440*9.5	4*8*3/8
	1220*2440*7.5		1220*2440*11.9	4*8*15/32
	1220*2440*8.5		1220*2440*12.7	4*8*1/2
	1220*2440*12		1220*2440*15.1	4*8*19/32
	1220*2440*15		1220*2440*18.3	4*8*23/32

OSB는 구조용 보강재로 사용되며 합판보다 단열이 우수하여 목조주택에 사용된다. 국내에서 목조주택용 OSB판재는 두께 11.9㎜와 18.3㎜ 두 가지만 사용되며 초창기 목조주택에서는 18㎜만 사용되었으나 업자들이 난립하고 경쟁적으로 건축물 시공 단가를 낮추기 위해 11.9㎜ OSB도 많이 사용한다.

다. 벽체(Wall) 제작 설치

1) 제작

버텀플레이트, 탑플레이트 각재 2개를 동시에 놓고 스터드 간격 406㎜씩 나누기 한 다음 양쪽으로 갈라 놓고 스터드를 재단한 뒤 406㎜씩 마킹된 위치에 맞춘 다음 망치 또는 레일건으로 못을 두 개씩 박는다.

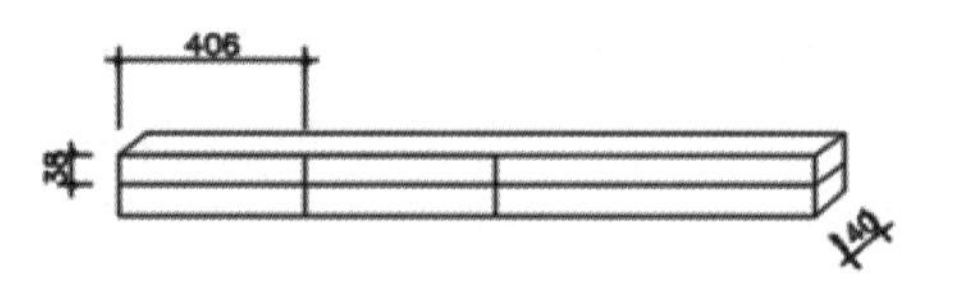

벽틀 제작에서 스터드 간격은 각재의 중심과 중심간격이 406㎜가 되도록 한다. 합판이나 OSB 규격이 1220*2440이므로 구조보강재인 OSB 부착 시 OSB 연결 부분에 각재의 중심이 맞아야 다음 OSB를 연결할 수 있고 또한 단열재 인슐레이션 규격과도 맞아야 하기 때문이다.

- 스터드(샛기둥): 외벽 또는 내벽에 사용하는 일련의 수직구조 부재를 말한다.
- 샛기둥(Stud) 절단 → 깔도리(Plate) 절단 → 윗막이 보(Header) 절단 후 조립한다.
- 조립 시 샛기둥(Stud) 간격은 400~600㎜ 간격으로 벽 틀을 만든 다음 직각 잡기, 즉 가새를 설치 후 세우는 방법과 OSB를 부착 후 세우는 방법이 있다.
- 위깔도리: 스터드(샛기둥) 상단 면에 부착하는 수평구조 부재. 일반적으로 위깔도리는 두 겹으로 설치하는데 한 겹은 눕혀서, 한 겹은 세워서 설치하며 눕혀서 설치하는 부재는 벽 틀 제작 시에 접합하고 그 위에 세워서 설치하는 부재는 벽 틀을 세우고 난 뒤 설치한다.
- 벽체 세우기 순서는 외벽 큰 것부터 세우고 작은 것을 세운 다음 내벽을 세운다.

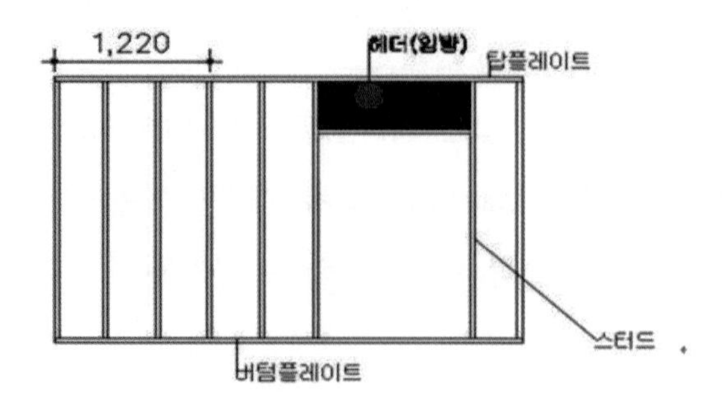

2) 벽 구조틀 설치

- 제작된 벽틀을 후면부터 설치하되 공사에 지장을 초래하지 않는 순서대로 설치한다.
- 벽틀이 넘어지거나 좌굴될 수 있어 반드시 가새와 버팀대로 보강하고 버텀플레이트, 밑깔도리, 토대를 힐티 드릴로 한번에 콘크리트까지 뚫어 셉안카볼트로 고정하는 방법이 가장 쉽다.
- 문틀 상부는 처짐을 방지하기 위해 임방(헤더) 설치를 한다.

* 구조체공사가 시작되면 우천 시를 대비해서 천막 등 보양재를 반드시 준비했다가 우천 시에 목재가 비에 젖지 않도록 덮어서 보양을 해야 한다.

- 구조체 좌굴방지를 위해 반드시 가새를 설치하고 외부OSB는 지붕공사가 완료된 후에 부착해야 한다. 미리 부착해서 비가 맞으면 함수된 수분이 잘 마르지 않기 때문이다.
- 헤더: 문틀 상부 개구부에 스터드보다 작은 각재를 부착한 뒤 스터드벽체 두께와 같은 폭으로 양면 OSB를 붙여 하는 방법과 구조재 2*10으로 보강하는 방법도 있다.

라. 장선 설치

1) 장선 및 서까래가 스터드 상부에 정확히 일치되어야 하나 창호 개구부 등으로 스터드와 장선 및 서까래가 일치되지 않으므로 탑플레이트 하나만으로 하중부담에 무리가 가므로 보강 차원에서 밑깔도리를 설치한다.

2) 장선(Joist) 설치계획(2층 바닥)

가) 장선

바닥, 천장, 지붕의 하중을 지지하는 일련의 수평구조 부재로 규격재나 공학목재를 사용한다.

나) 시공 순서

이중 깔도리와 옆막이 장선(Header Joist) 설치 → 장선 설치 → (판재 부착)

도면상의 특기가 없는 경우 장선의 방향은 지간거리가 작게 되는 방향으로 한다.

다) 필요에 따라 결합철물을 사용할 수 있다.

라) 목구조 계산용 전자계산기나 지간거리표(미국임산물협회 권장기준)를 이용하여 간단하게 현장에서 확인 작업을 거친다.

마) 모든 격실, 즉 장선과 장선 사이는 블럭으로 막아야 한다. 블럭은 장선의 비틀림 및 좌굴 방지를 하며 격실과 소음과 화염막이 역할을 한다.

바) 보

바닥과 지붕 장선을 지지하는 큰 치수의 수평구조 부재, 규격재를 조합한 조립부재나 공학목재를 사용한다.

사) 벽체틀을 설치 완료 후 장선을 설치한다.

* 목조주택에 사용되는 용어는 주로 영어를 사용하므로 잠깐 용어를 알아보기로 한다.

샛기둥(Stud) / 깔도리(Plate) / 윗막이 보(Header) / 서까래(래프터, Rafter) / 마루대(Ridge Beam) / 대공(그랜디, Grandee) / 마구리장선(월, Whorl)

장선을 설치하므로 벽체 및 지붕이 가구식으로 보강되고 장선 위에 판재를 깔고 작업도구를 올려 놓고 작업하므로 작업이 효율적이고 장선을 설치하지 않으면 작업발판용 비계를 설치하는 번거로움이 따른다.

윗깔도리 바깥쪽으로 마구리장선을 설치하고 될 수 있으면 단변 방향으로 장선을 서까래 간격 즉, 부재의 중심 간격이 406㎜ 간격으로 설치한다. 장선의 길이가 긴 경우 2m 이내마다 목재의 변형을 방지하기 위해 장선부재와 같은 부재로 블로킹을 설치한다. 공사업자에 따라 장선걸이 등 연결철물을 사용하는 사람이 있는가 하면 연결철물을 사용하지 않고 못으로 바로 연결하는 경우가 더 많다.

3) 2층벽체

바닥판 위에 먹매김 후 벽틀을 세워 1층과 동일한 방법으로 벽체시공하고 지붕을 덮으면 2층이 된다.

가) 구조부재 조립 시 주의사항

- 벽체 재료: 2*4 또는 2*6 구조목을 사용하며, 깔도리, 윗막이, 보, 샛기둥 등 모두 같은 재료를 사용한다.
- 벽체의 높이: 도면상의 층고와 반자 높이를 감안하여 결정한다.

- 조립(Nailling): 사용되는 못은 타정기를 이용할 경우는 90㎜ 아연도금 못을 사용하며, 망치를 이용할 경우 일명 꽈배기 못이라고도 하며 나선형 아연 못을 사용한다.
- OSB 부착: 4*8*11t 또는 4*8*18t를 부착하며 30㎜ 이상의 피스나 나선형 못으로 부착한다.

밑에서 쳐다본 2층 바닥 장선

- 세우기: 토대와 정확히 일치되도록 세운다.

나) 벽틀을 세우고 난 뒤 가새 또는 버팀목으로 전도방지 시설을 하여야 한다. 간혹 이것을 소홀히 하여 안전사고가 발생하기도 한다.

※ 가새: 샛기둥과 샛기둥 또는 장선과 장선을 대각선으로 연결하여 좌굴을 방지하는 부재를 말한다.

다) 1층 벽 틀을 다 세우고 난 뒤 가설비계 및 내부 말비계를 설치하는 등 고소 작업에 대한

안전시설을 해야 한다.

※ 높이 2m 이상 고소 작업 시 안전규칙

40㎝ 이상 안전 발판을 설치하고 발판과 발판 사이 틈새 간격은 3㎝ 이내로 하고 발판 바닥에서 100㎜ 이상 발끝막이판 높이 120㎝ 상부 난간대 및 중간 난간대를 설치하고 근로자가 안전하게 승강할 수 있는 사다리 또는 승강로를 설치해야 한다. 모든 근로자는 개인 보호구를 착용하고 특히 고소 작업자는 안전대를 착용하고 안전대 걸이시설 및 추락 방지시설을 해야 한다.

구조부재는 침엽수를 사용한다. 침엽수는 목질이 부드러워 건조수축에 대응할 수 있어 구조용으로 사용하고 활엽수는 목질이 단단하여 가구용이나 내장재로만 사용 가능하다.

마. 지붕구조물 시공

1) 시공순서

장선 설치 후 OSB 부착 전에 지붕공사를 완료하는 것은 공사 중 비가 오면 OSB가 수분을 흡수하여 공사 완료 후까지도 제대로 건조되지 않아 벽체에 곰팡이가 필 수 있기 때문이다.

* 대공 설치 → 마루대(Ridge Beam) 설치 → 서까래 설치 → 처마돌림 → 박공(Face Board) 설치 → 합판부착(OSB) → 후레싱, 물받이 설치 → 아스팔트 시트방수 → 쉬글 마감

2) 서까래(Rafter) 설치계획

가) 박공벽 세우기: 미리 계획된 시공도에 따라 정확히 설치하여 시공한다. 박공벽을 설치할 때는 먼저 처마 마감이나 외벽 마감 등을 고려하여 설치하고 한 번에 세운다.

나) 특히 외장면의 방습지 등은 먼저 시공하는 것이 중요하다 할 수 있다.

다) 마루대

마루대는 서까래 치수보다 한 치수 큰 것 또는 같은 것을 사용한다.

라) 서까래

마루대에서 외벽 끝까지의 거리에 처마길이를 가산하여 절단한다. 도면상 특기가 없는 경우 지간거리를 계산하여 제재목 치수를 결정한다. 필요에 따라 결합철물을 사용할 수 있다.

마) 대공

대공의 위치는 건축물의 길이방향 벽체상부 중심에 세우고 대공의 높이는 양쪽 처마끝단 수평 방향 넓이의 1/4로 한다.

바) 지붕처마 넓이의 1/4, 즉 처마끝에서 처마끝까지 10m라면 대공의 높이는 2.5m로 한다. 이유는 우리나라 태양의 남중고도각이 서울에서 제주도까지 30~36도로 일사량을 가장 많이 받는 각도이다(도리에서 지붕경사면각도 약 32도).

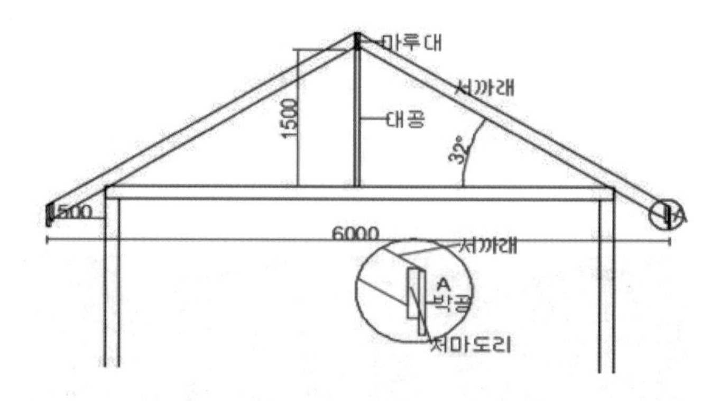

3) 주의사항

가) 자재관리

- 골조용 자재: 규격재(건조목, 방부처리목), 판재(OSB), 기둥재, 결합철물 등 자재는 공사현장에 배치하여 시공자들이 바로바로 이용할 수 있도록 한다.
- 공사현장 내에서 각 세대까지 트럭의 진입이 불가능한 경우, 본 시공사의 소 운반계획에 의해서 임시고용 노무자를 배치하거나, 지게차 등을 이용한다.
- 자재를 현장에 쌓기 전에 받침목을 설치하여 바닥으로부터의 수분으로부터 보호하도록 한다.
- 자재는 비가 오지 않거나 낮에는 비막이 포장을 풀어서 대기에 노출시키고, 비가 오거나 밤이 되면 다시 덮어 두어 습기로부터 보호한다.
- 비가 온 다음날은 반드시 포장을 풀어서 지면으로부터 상승하는 수분으로부터 보호한다. 혹서기에 태양이 내리쬐는 시간에는 포장을 덮어두어 급격한 건조로 인한 수축을 방지한다(차광막 설치).
- 기둥재 등 고가의 모양재는 특별히 창고에 보관하거나, 창고의 설치가 어려운 경우 따로 한 곳에 모아 두어 집중적으로 관리한다.

4) 서까래 제작 및 설치

가) 서까래 제작

서까래 제작 방법은 대체로 두 가지 방법이 있다. 아래 좌측 그림과 같이 마구리 장선 위에 안정되게 정착시키기 위해 30㎜ 정도 깊이로 모따기 방법과 우측 그림과 같이 모따기를 하지 않고 블로킹 처리로 정착시키는 방법이 있다.

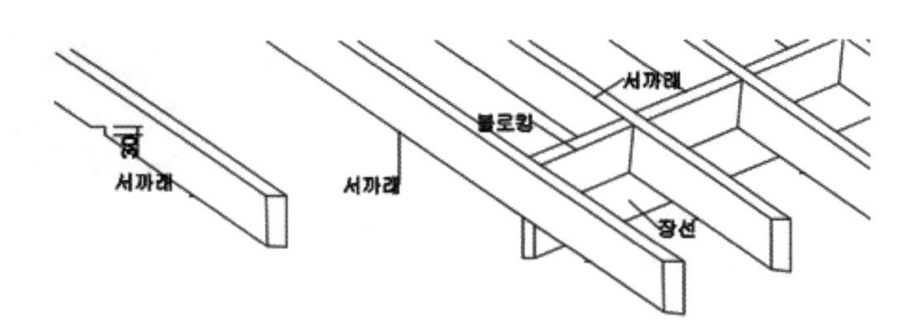

〈제작된 서까래 모양〉

마구리 장선에 걸치는 부분을 턱을 만들어 못으로 부착한다.

〈시공순서〉

- 칸막이벽 및 양쪽측벽 중심에 수직으로 대공을 세운다.
- 대공 위에 마루대를 설계치수에 맞도록 설치한다.
- 서까래를 설치한다.
- 처마도리를 설치한 다음 박공을 설치한다.

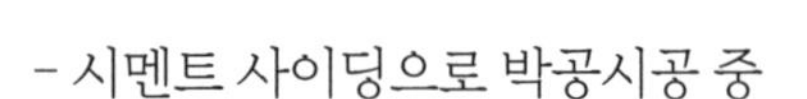

- 시멘트 사이딩으로 박공시공 중
- 시멘트 사이딩은 폭 210㎜, 길이 3,600㎜로 반 영구적이다.
- 목재로 1*8 또는 1*10으로 시공 시 반드시 오일스텐 도장으로 방부처리가 필요하다.

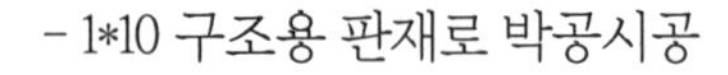

- 1*10 구조용 판재로 박공시공

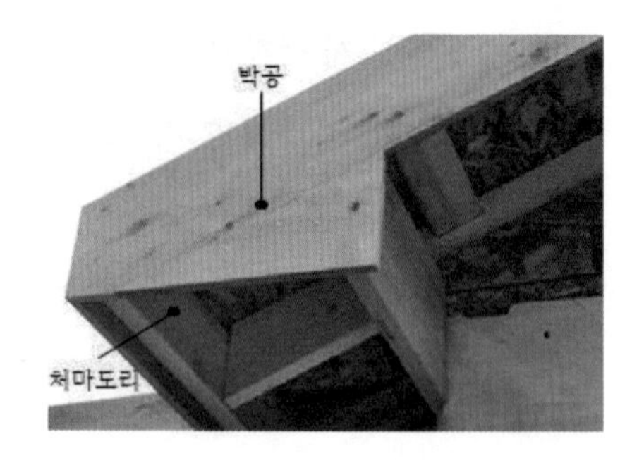

- OSB 설치 후 아스팔트 시트방수
- OSB 부착은 전동드릴을 사용하여 아연피스(나사못)으로 30㎝ 간격으로 박아 부착한다.

- 일부 공사업자들이 작업속도를 빨리 하기 위해 타카로 박는 경우도 있다.
- OSB 부착 시 수축팽창을 고려하여 500원 동전 두께 정도의 간격을 두는 것이 좋다.

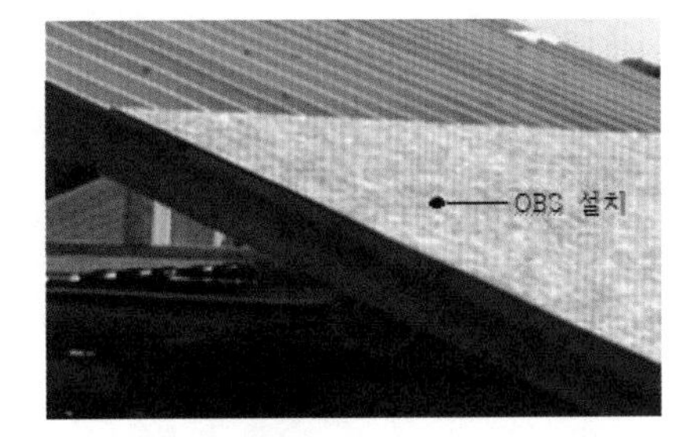

- OSB 부착 후 후레싱 및 물받이 작업
- 양쪽 측면은 후레싱을 나사못으로 고정하고 지붕 양쪽 경사면 끝단부는 시스템 물받이를 나사못으로 OSB 지붕 덮개에 고정한다.

물받이	동후레싱

5) 목조주택 지붕방수

목조주택 지붕에는 개량아스팔트 시트방수와 자착식 아스팔트 시트방수가 있는데 최근에는 자착식을 많이 사용하고 있는 추세다.

가) 개량아스팔트 시트방수

- 아스팔트 프라이머를 붓 또는 로울러로 OSB 표면에 고르게 바른다. 보통 1말 18L를 가지고 30㎡ 바를 수 있다.
- 프라이머 도포 후 2~3시간 경과 후 아스팔트시트지를 하단부에서부터 지붕의 길이방향으로 100㎜씩 겹쳐서 완전접착시킨다.

나) 자착식 시트방수

- 자착식은 시트지를 OSB 표면에 지붕의 길이방향으로 100㎜씩 겹쳐서 깔면 된다. 지붕 덮개 습기 침투 방지를 위해 지붕 양쪽측면 후레싱 부분은 아스팔트 프라이머칠을 하는 게 안전하다.
- 방수지 1롤의 규격
  두께는 1㎜, 1.5㎜, 3㎜이고 폭은 1m, 길이는 10m로 10㎡이나 실제 시공은 9㎡이다. 목조 지붕에는 두께 3㎜로 사용하는 것이 원칙이다.

* 시트방수 시 주의사항
- 기온이 5℃ 이하는 작업을 중지해야 한다. 부착력 저하로 방수기능이 저하된다.
- 자착식시트, 개량아스팔트시트 모두 다 후레싱과 물받이 또는 지붕 끝단 부분에는 아스팔트 프라이머를 바르고 시트지를 붙여야 한다.이유는 빗물이 수직으로 떨어지지 않고 측면에서 치기 때문에 실험결과 수분이 OSB판재에 스며드는 것을 확인할 수 있었다.
- 어떤 종류의 방수라도 하자의 원인은 바탕청소에서 발생하므로 바탕청소를 잘 해야 한다.

* 모든 업체나 시공자들이 일하는 방법은 말해도 목조주택의 하자 원인 또는 하자 방지에 대한 얘기는 없으며 심지어 어떤 자들은 방수시트지는 아스팔트프라이머칠은 필요 없다고 주장하는 자들도 있다. 시트지 부착면에 점착성이 있으나 기온이 내려가면 점착성이 없어지고 여름철에 잘 붙는다고 그냥 시공하면 겨울철에 분리된다.

〈방수시트시공 완료 사진〉

- 시트방수 완료 후 아스팔트 쉥글 시공

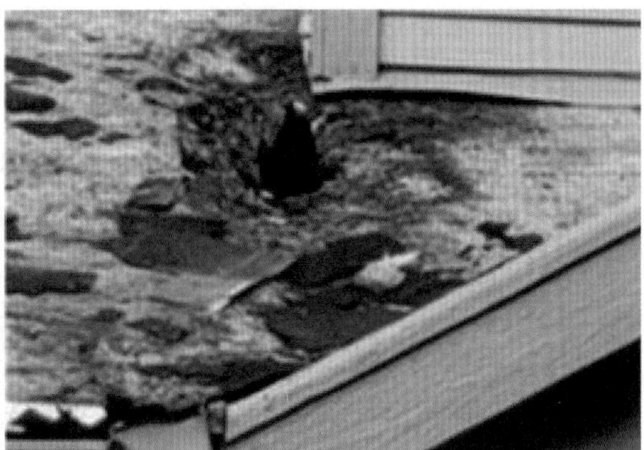

위 그림은 지붕끝단부 지붕의 연결부 아스팔트프라이머를 생략하고 시트지 처리를 잘못하여 누수가 되어 OSB판재가 부식되고 지붕의 누수가 벽체로 흘러내려 벽체 일부가 부패된 것이다. 이처럼 목조주택은 공사를 잘못하면 평생 골칫덩어리다.

다) 아스팔트 시트방수 표준시방서

① 재료

- 방수용 재료
- 프라이머: 프라이머는 솔, 고무주걱 등으로 도포하는 데 지장이 없고, 8시간 이내에 건조되는 품질의 것으로 한다.
- 개량 아스팔트 시트
- 보강 깔기용 시트
- 점착층 부착 시트: 뒷면에 점착층이 붙은 것으로 토치의 불꽃에 의하여 그 자체 및 단열재가 손상을 받지 않는 것으로 한다.
- 실링재: 실링재는 폴리머 개량 아스팔트로 한다. 정형 실링재와 부정형 실링재가 있다.
- 관련 재료

  아래의 관련 재료는 개량아스팔트 시트 제조업자 또는 책임 있는 공급업자가 지정한 것으로 한다.

6) 목조주택 지붕 쉉글마감

가) 쉉글의 종류: 육각쉉글, 사각쉉글, 이중그림자쉉글이 있다.

- 육각쉉글, 사각쉉글은 수명을 20년으로 본다.
- 이중그림자쉉글은 수명을 40년으로 본다.

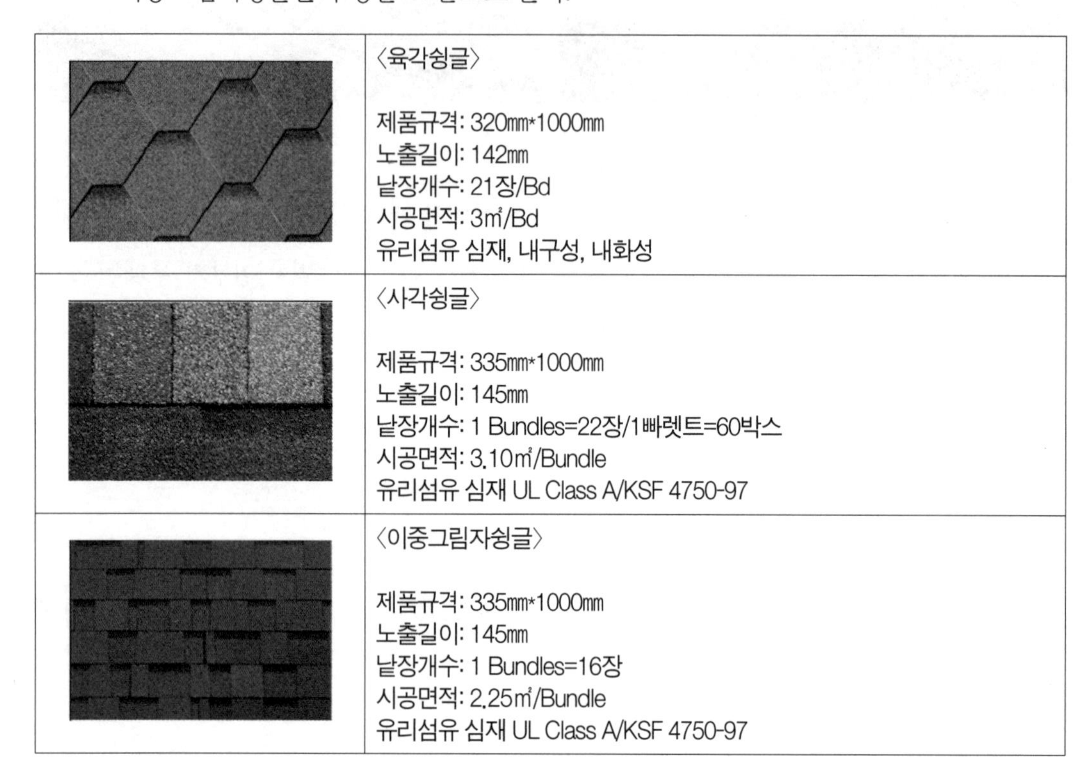

	〈육각쉉글〉 제품규격: 320㎜*1000㎜ 노출길이: 142㎜ 낱장개수: 21장/Bd 시공면적: 3㎡/Bd 유리섬유 심재, 내구성, 내화성
	〈사각쉉글〉 제품규격: 335㎜*1000㎜ 노출길이: 145㎜ 낱장개수: 1 Bundles=22장/1빠렛트=60박스 시공면적: 3.10㎡/Bundle 유리섬유 심재 UL Class A/KSF 4750-97
	〈이중그림자쉉글〉 제품규격: 335㎜*1000㎜ 노출길이: 145㎜ 낱장개수: 1 Bundles=16장 시공면적: 2.25㎡/Bundle 유리섬유 심재 UL Class A/KSF 4750-97

나) 아스팔트쉉글 시공순서

- 경사지붕 최하단에서 쉉글 한 장 폭으로 이격시켜 먹줄을 놓는다.
- 쉉글 뒷면에 셀룰로이드 종이를 떼어내고 아스팔트프라이머를 바른 다음 먹선에 맞추어 한 줄 붙인다.
- 쉉글 한 장에 대두못(쉉글 전용못) 4개씩 쉉글 상단에 겹쳐지는 부분에 박는다.
- 겹쳐지는 폭은 30~40㎜ 정도로 겹쳐지므로 못은 겹쳐지는 부분 외에 못이 보이면 안된다. 못이 보이면 누수의 원인이 된다.
- 두 번째 줄 쉉글은 첫 번째 줄 쉉글 이음매와 겹쳐지지 않도록 반토막부터 시작한다.

다) 시공 시 주의 사항

- 작업자의 안전이 최우선이다. 추락 및 전도방지 안전시설을 해야 한다.
- 기온이 5℃ 이하에서는 작업을 하면 안 된다. 부착력이 떨어져 하자의 원인이 된다.
- 풍속이 10m/초 이상이면 모든 작업을 중지해야 한다.

바. 외부구조물 시공

1) 박공벽 설치

박공벽(gable wall)의 스터드 간격은 벽틀(Wall)의 스터드 간격과 동일하게 하고 양측벽 박공벽에 밴트를 설치하여 건축물 내부, 외부의 통풍을 유지시킨다.

2) 지붕공사 완료 후 벽체 외부

- OSB와 OSB 사이 500원 동전 두께의 간극을 두고 부착한다.
- OSB 부착은 아연피스(나사못)으로 30㎝ 간격으로 박아 부착한다.
- 외부에 OSB 부착 후 밖에서 안쪽으로 못 박아서 단열재 부착 시 흘러내리지 않게 한다.

가) 방습지 시공

- 방습지 규격: 폭 1.5m, 길이 50m
- 길이방향, 즉 횡방향으로 겹쳐서 타카로 부착하고 이음부는 방습지 부착용 테이프로 접착시킨다.

- 방습지는 일반적으로 타이백을 많이 사용하나 최근에는 국산 및 수입산 종류가 다양하다.
- 방습지는 외부에서 발생한 습기를 차단하고 내부에서 발생하는 습기는 외부로 방출시키는 역할을 한다.

나) 창호공사

- 목조주택의 창호는 시스템 창호로 시공한다.
- 방습지 부착 후 건축 목공이 창호를 설치한다.
- 대부분 시스템 창호는 수입산이다.
- 시스템 창호는 창틀 측면에 날개가 붙어 있어 아연피스(나사못)으로 고정한다.
- 창호의 창틀 바깥쪽에 고정할 수 있는 날개가 있고 건물 외부 쪽으로 날개로부터 25㎜ 정도 돌출되어 있다. 사이딩 마감재를 시공 후에 몰딩 설치를 하면 그 두께가 맞아진다.
- 시스템 창호는 주문 제작이 되지 않으므로 건자재 업체에 미리 그 치수를 알아 보고 개구부를 만들어야 한다.

① 창호일반사항

- 창호의 종류
- 창틀의 재질: Vinyl
- 유리의 두께: 일반창(16㎜ Pair Glass, Grid 포함) / Patio Door(18㎜ Pair Galss, Grid 포함)
- 창틀의 성형: 날개 달린 형
- 창호시공법: 나중 끼워 넣기법(사이딩 붙이기 전 시공)

② 공사착수 전 준비사항

- 현장구비조건
- 2층 이상의 창호시공 시 비계 및 발판이 준비되어야 한다.
- 창호는 충격에 약하므로 골조공사, 지붕공사 등과 병행하여 작업할 수 없다.
- 공사착수 전 마감상태
- 골조공사 시 창호공칭 크기에 정확히 맞도록 개구부가 준비되어야 한다(창호개구부의 크기는 창호 크기보다 10~15㎜ 정도 여유 공간 확보).
- 개구부 주위에 못 등이 튀어나오지 않아야 한다.
- 창호 주위의 방수처리가 되어야 한다.
- 시공: 방바닥이 지면에서 높이가 1m 이상이면 창틀 하단부 높이는 1.2m로 한다(건축법).
- 창호를 치수에 맞는 개구부에 끼운다.
- 상, 하, 좌, 우의 띄우는 거리가 일정하도록 맞춘다.
- 창호날개에 못을 박는다(창호 윗면날개에는 못을 박지 않는다).

③ 외부 도어공사

㉠ 일반사항

- 문짝의 종류: 목재문 또는 철재문 종류에 따라 시공방법을 검토한다.
- 문틀의 종류: 미서기문틀 미닫이문틀 여닫이문틀 등 종류에 따른 시공방법 검토
- 경첩: 강화경첩

㉡ 시공

- 골조 공사 시 문짝 크기에 상, 하, 좌, 우 "1㎝"씩 넓게 개구부를 뚫어 놓는다.
- 문틀을 설치하고, 틈새를 코킹으로 메운다.
- 힌지를 설치하고 문짝을 고정시킨다.
- 문손잡이를 바닥에서 1,000㎜ 높이에 설치한다. 문틀 주위를 철저히 독일산 피셔폼 작업을 한다.

㉢ 주의사항

- 공장 제작형 도어는 공장 제작기간이 있으므로 충분한 여유를 두고 발주를 하여야 한다.
- 도어는 자체가 최종 마감재이므로 충격에 주의하여야 한다.

3) 외부마감(사이딩) 공사

- 외장재종류: Siding(Vinyl, Cement, Bevel, Log, 수직, 채널), 화강석, 벽돌, 현무암 등 많은 종류가 있다.

* 최근에 목조주택 외부 마감재를 드라이비트, 스타코 등 마감재를 사용하기도 하는데 드라이비트 및 스타코는 방수기능이 없다는 점과 또한 방수기능을 보완하기 위해 OSB판재 외부에 방수시트지를 사용하기도 하는데 이는 목재의 통풍에 문제가 있어 목재를 쉽게 부패하게 만드는 요인이 되기도 한다는 점을 참고하여 통풍 대책이 필요하다.

4) 시공 순서

가) 외벽 주위 점검

- Start점을 잡아 4방향 수평되게 먹줄을 놓는다.
- 결합은 아연못, 스크류 등을 사용하고 못 길이는 50㎜로 한다.
- 못은 겹침 부분 안쪽으로 시공하여 못이 보이지 않도록 한다.
- Siding 간의 길이방향 이음은 맏댄이음으로 한다.
- 높이 방향 겹침은 찬넬사이딩은 찬넬의 골깊이대로 베벨사이딩 및 시멘트사이딩은 30㎜씩 겹쳐 잇는다.

〈시멘트 사이딩 시공완료 부분 사진〉

- 시멘트 사이딩의 규격은 두께 7㎜, 폭 210㎜, 길이 3.6m로 30㎜씩 겹쳐 시공한다.

방습지 위에 마감재(사이딩)를 시공하는 방법과 레인스크린을 설치하고 시공하는 방법이 있는데 필자는 레인스크린 설치 후 시공하는 방법을 권장한다. 이유는 방습이나 단열 부분에서 훨씬 더 유리하고 또한 아이큐브 및 세라믹사이딩은 맞댄이음으로 레인스크린이 필수라고 보면 된다.

5) 아이큐브사이딩 시공법

가) 일반사항

- 섬유강화 치장 시멘트패널 아이큐브시공은 본시방서 및 설계도서상의 상세도에 준하여 시공한다.
- 시공에 사용되는 모든 자재는 파손 또는 표면에 흠집이 생기지 않도록 취급에 주의하여야 하며 외부에 노출되는 마감용 부자재는 정품을 사용하지 않는 경우 부식에 강한 재질을 선택해야 한다.
- 자재 현장 입고 후 설치 전까지 반드시 비닐 포장 상태를 유지하고 덮개를 씌워 우천 시 습기에 노출되지 않도록 해야 한다.

나) 하지철물 설치

- 하지철물 설치 전 설계도서를 숙지하고 정확한 측량을 실시하여야 한다.
- 하지철물을 벽체에 고정하기 위한 브라켙은 수평 수직을 준수하여 설치되어야 하며 패널 설치 시 건축구조물과 견고하게 고정되도록 한다.

- 섬유강화 치장 시멘트패널을 설치하기 위한 하지프레임은 아연도각관 혹은 스틸각파이프 등의 금속재료를 사용하여야 하나 감독관의 승인이 있은 후 목재를 사용할 수도 있다. 금속재는 50*50*1.6t를 사용하고 목재는 2*2(38*38) 이상을 사용한다.
- 하지 간격은 450㎜ 이내로 하되 현장여건에 따라 조정 가능하나 하지에 패널을 바로 접합할 경우 패널 접합부와 코너는 이중으로 설치한다.
- 현장 여건에 따라 내수합판 또는 OSB를 부착하고 투습방습지 혹은 방수시트를 설치하고 레인스크린을 설치하고 패널을 부착할 수도 있다.
- 각종 부자재는 규격과 품질에 이상이 없어야 한다.

다) 패널시공

- 최하단부는 각 방향 수평으로 기준먹을 놓고 먹줄에 따라 메탈클립을 하지에 스크류로 고정하고 그 위에 시멘트 패널을 순차적으로 시공한다. 메탈클립은 패널에 단단히 고정되어야 하며 유격이 발생할 경우 흔들림에 의한 패널의 이탈이 우려되므로 주의한다.
- 패널과 패널의 좌우 이격 부위에는 전용 조이너 혹은 스페이서를 사용하고 실리콘 마감하며 간격은 10㎜ 이내로 한다.
- 패널의 뒷면은 공기유통을 위한 20㎜ 이상의 공간을 확보해야 하나 현장 여건에 따른다.
- 최상부 파라펫, 창호 프레임, 코너 기타 개구부 등은 필요 시 별도로 구조물을 보강하여 전용몰딩 혹은 전용후레싱을 사용하여 보강한다.

라) 패널 최상단 개구부의 하단부는 메탈클립을 사용할 수 없으므로 두께 5㎜의 스페이서를 하지 바탕과 패널 사이에 부착하여 클립 시공부와 두께 차이를 상쇄시킨 후 스크류를 사용하여 고정한다. 이때 스크류는 패널 파손 방지를 위하여 단부에서 20~30㎜를 유지하여 스크류를 시공한다.

마) 스크류 시공은 먼저 드릴로 구멍을 뚫은 다음 레일건으로 못을 박든가 스크류를 박고 실링재로 표면 처리하거나 퍼티작업 후 페인트로 스크류 자국을 없앤다.

6) 처마반자(로끼덴죠) 시공

- 사이딩 마감 후 처마 부분 천장시공한다.
- 벽체 외부에 처마도리와 수평되게 먹매김 후 먹선 위쪽으로 30*30 일반 각재를 길이 방향으로 부착한다.
- 처마도리 각재와 기 부착한 30*30각재 하단에 루바 또는 소핏밴트로 부착하여 처마반자 시공
- 반자 밑에 몰딩시공을 하면 완료된다.

* 건축법상 처마는 건축물 중심선에서 처마길이가 1m 이내는 건축면적에 산입되지 않으나 건축재료의 소모률을 최소화하기 위해 공사업자들은 처마길이를 600㎜ 이내로 한다.
* 루바 종류는 대개 120*2400 또는 120*3600이다.

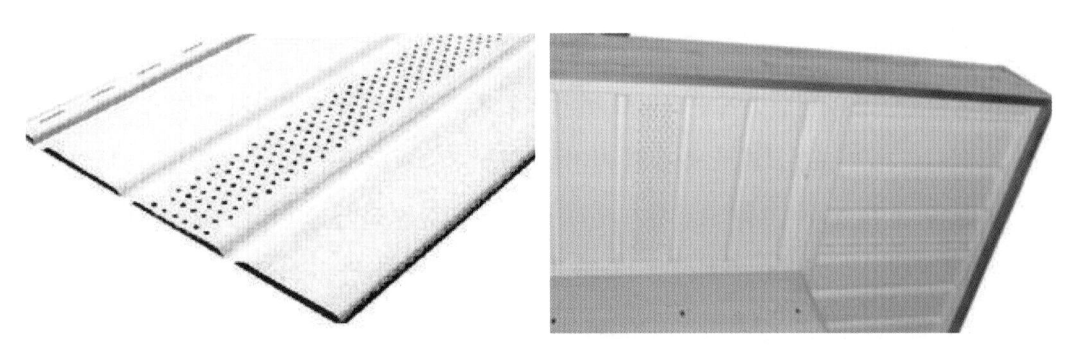

소핏 밴트 규격 305*3850

- 처마반자 원목 루바 시공 및 방부목 사이딩 마감

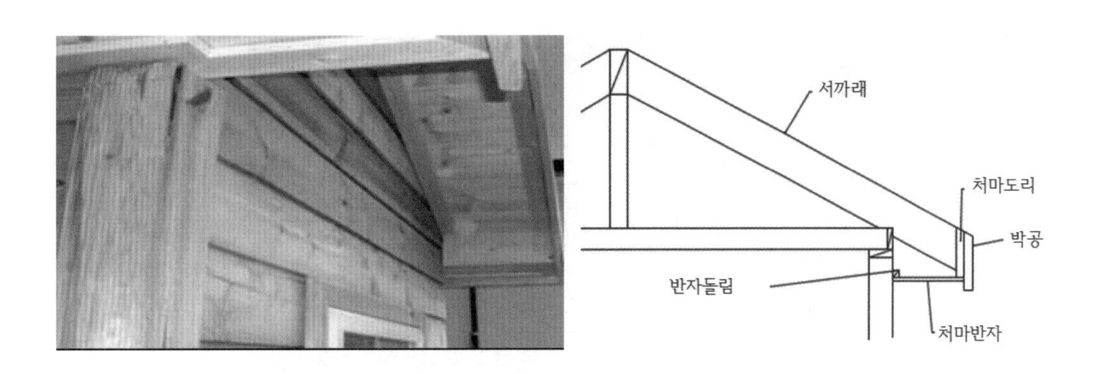

외장 마감재인 사이딩을 먼저 시공하고 처마반자를 시공하는 것은 처마반자를 선시공하게되면 사이딩 마감재를 반자 높이에 맞추어 정밀하게 재단하기가 거의 불가능하므로 처마반자를 후시공하는 것이다. 이와 같이 외장공사 마감 후 내부공사를 하거나 외부공사와 내부공사를 병행할 수도 있다.

사. 바닥구조물(내부 방통공사) 시공

1) 바닥공사

방바닥 시공부터 먼저 한다. 방바닥을 나중에 하면 습식공사로 OSB 및 내장재에 물이 흡수되면 쉽게 건조되지 않고 나중에 습기로 인하여 곰팡이 등 하자의 원인이 된다.

가) 방바닥 시공

- 온수파이프의 난방열이 콘크리트 바닥으로 흡수되는 것을 방지하기 위해 스티로폼, 질석단열재, 기포콘크리트 중에 한 가지를 50㎜ 이상 바닥에 깐다.
- 그 위에 온수파이프를 고정하기 위해 와이어 메쉬를 깐다. 와이어 메쉬는 사급자재는 8# 철선에 200*200 간격이고 1장은 1800*1800이다. 관급용 와이어메쉬는 6# 철선에 150*150 간격이고 1장은 1200*1400이다.
- 온수 온돌 파이프를 200㎜ 간격으로 배치하고 철선으로 와이어메쉬에 고정시키고 그 위에 차광막 또는 메쉬망을 덮고 난 뒤 방통(고름) 몰탈을 타설한다.

- 차광막은 우리네 조상들이 황토 미장을 할 때 균열방지를 위하여 짚을 썰어 넣었던 것과 같은 역할을 하며 방바닥의 균열방지를 한다.
- 이때 몰탈의 두께는 온수온돌 파이프 상단에서 24㎜ 이상의 두께가 되어야 한다. 벽체 내부 인테리어 공사는 방바닥 시공 완료 후 해야 습식공사 중 각종 오염으로부터 방지된다.

* 공사를 빨리 하기 위해서 내부마감 공사를 선 시공하는 자들이 있는데 내부마감 공사를 선 시공하면 시멘트몰탈의 수분이 OSB 또는 석고보드에 흡수되어 훗날 벽지 하단부 및 장판 밑에 습기가 차고 곰팡이가 피는 원인이 된다.
* 방바닥 몰탈 두께는 국토부 표준시방서상 바닥 미장은 두께 24㎜로 하도록 되어 있으며 미장두께가 얇으면 온수파이프 자리만 따뜻하고 열이 균등하게 배분되지 않으며 시멘트의 응력 부족으로 온수파이프 자리가 균열 또는 파손된다.

- 방통 시멘트몰탈이 충분히 양생된 후 내부마감공사를 한다.
* 공사기간이 여유가 없을 시는 2일 정도 양생 후 부직포, 합판, 골판지 등으로 보양조치하고 마감공사를 할 수 있다. 또한 사모래(시멘트+모래)를 고르게 펴고 물조루로 물을

뿌려 미장하기도 하나 시멘트는 물이 없으면 굳지 않으므로 피아노처럼 무거운 물건을 놓으면 방바닥이 깨지는데 이는 전형적인 부실공사다.

아. 단열공사

1) 단열공사의 정의 및 시공

단열공사라 함은 보온 보냉 절연 등의 역할을 하는 공사의 총칭을 말하며 재료로는 인슐레이션, 비드법 단열스티로폼, 압출법 스티로폼, 화이바그라스 보드, 발포우레탄 등을 많이 사용한다.

가) 단열공사에 사용되는 용어

- 열관류율(W/㎡.k): 특정두께를 가진 재료의 열전도 특성을 나타낸다. 열전도율/두께(m)로 계산한 열통과율이라고 보면 된다.
- 열전도율(W/m.k): 열을 전달하는 물질의 고유한 성질을 나타내는 단위로 두께가 1m인 재료에 온도차를 주었을 때 이동하는 열의 양을 말한다.
- 열 저항률: 고체 내부의 한 지점에서 다른 지점까지 열량이 통과할 때 저항하는 정도를 말한다.
- 결로: 벽, 바닥, 천장 등 표면 온도가 낮아져 공기 중에 수분이 응축되어 벽, 천장, 바닥에 달라 붙은 물방울을 말한다.

나) 단열재의 종류별 특징

① 화이바 그라스(Fibre Glass R-Value) 단열재

경량목구조에 많이 사용하는 인슐레이션 단열재를 말하며 종류로는 R-Value: R-11, R-19, R-30 등이 있다.

- R-Value는 미국에서 사용되는 단열성능 기준값으로 단열저항수치를 말한다.
- R수치가 높을수록 단열성능이 좋고 에너지 절감 효과가 크다.
- 그라스울의 밀도는 k로 표시하고 24k는 1㎡에 유리가 24kg이 사용됐다는 것이다.

- 장점: 재단이 쉽고 시공성이 좋다. 화재에 강하고 유독가스가 발생하지 않는다. 단열성은 높으나 가격이 싸 경제성이 우수하다.
- 단점: 수분 흡수 시 골조에 영향을 준다. 시간이 지나면 처짐현상이 발생할 수 있다.

② 우레탄폼 단열재

- 우레탄폼은 보드판과 발포 우레탄이 있으며 보드판은 이음부분으로 단열성능 저하가 우려되고 발포우레탄은 연질과 경질로 구분된다.
- 경질우레탄폼이 밀도가 높고 단단하고 단열성이 높아 단열 "가"등급에 속한다.
- 연질우레탄폼은 경질보다 밀도가 낮고 단열성은 떨어지나 수용성으로 건강에 좋다고 많이 사용하는 편이다.
- 장점: 팽창력과 부착력이 좋아 기밀성이 유지된다. 단열성이 우수하다. 내구성이 좋고 부착력이 좋아 외단열 및 내단열재로 사용하며 관급공사는 30여 년 전부터 사용했던 재료다.
- 단점: 화재에 취약하다. 해충의 번식처가 될 수 있다. 팽창력으로 부재의 변형이 우려된다. 작업자의 숙련도에 따라 품질의 차이가 심하다.

③ 비드법 스티로폼(EPS보드) 단열재

구슬 형태의 작은 폴리에칠렌 알갱이에 발포제를 첨가해 융착 성형한 보드형태의 단열재로 건축물 외단열 및 내단열재로 가장 많이 사용하는 재료이다.

- 장점: 무게가 가벼워 시공성이 좋다. 가격이 저렴하여 경제성이 좋다.
- 단열가급과 단열나급을 가장 많이 사용한다.

④ 압출법 스티로폼(XPS보드)

폴리에스치렌 재료를 발포제와 난연재를 압출기에 혼합 바로 성형한 보드판 단열재이다.

- 장점: 비드법 보다 단열성과 방습성이 뛰어나다. 시공성이 좋다.
- 단점: 열에 취약하다. 시간경과에 따라 단열성능 저하가 우려된다.

⑤ 열반사단열재

알미늄 은박으로 만들어진 특수 단열재로 복사열의 90%를 차단할 수 있는 단열재이다. 주로 건축물 내외부에 많이 사용한다.

- 장점: 단열효과가 우수하다. 두께에 비해 단열성이 우수하여 공간 활용이 좋다. 항균 항습으로 인한 친환경 단열재이다.
- 단점: 가격이 고가이다. 단열을 위한 중공벽에 공기층이 필요하다.

다) 경량목구조에 가장 많이 사용하는 인슐레이션 단열재 시공

① 공사착수 전 준비사항

- 착수 전 마감상태
- 설비배관 작업이 완료되거나 병행되어야 한다.
- 전기배선 작업이 완료되거나 병행되어야 한다.
- 가설준비물: 내부 강관틀비계, 작업발판, 지게사다리 등이 준비되어야 한다.

② 현장 주의 사항

- 작업 중 섬유가 분산될 수 있으므로, 작업자 이외는 출입을 금지하여야 한다.
- 작업자는 항상 마스크 및 보호안경을 착용하여야 한다.

③ 재료사양

R-Value에 따른 치수

R-Value	Thickness	Width	Length	사용처
R-21-15	140㎜	381㎜	2362㎜	외벽
R-30-16	260	406	1219	천장 및 바닥
R-11-15	89	381	2362	내벽

④ 시공(Kraft-Faced, 시방서)

- 한쪽 종이날개를 샛기둥 또는 장선, 서까래의 측면 안쪽에 꺽쇠로 박고 반대쪽으로

당겨서 반대쪽 종이날개를 샛기둥의 측면에 고정시킨다(햄머 스테플 이용).

- 단열재와 그 위에 설치될 벽덮개 사이에 19㎜(3/4")의 공간이 남도록 하여야 한다.
- 단열재의 종이날개는 25~50㎝(10"~20")간격으로 꺽쇠를 박아서 고정시킨다.

- 단열재는 야무지게 채우는 것이 관건이며, 요사이 단열재는 전부 비닐이 밀봉되어서 나온다.
- 단열재 시공 후 전기설비 배관 및 급수설비 완료 후 내부 OSB를 부착한다. 이때는 타카로 부착한다.

* 벽체 내측에 부착하는 OSB 역시 구조재를 보강하기 위한 것임에도 일부 업자들은 OSB 대신에 석고보드 두 겹을 부착하는 업자도 있는데 서고보드는 열 겹을 붙여도 구조재를 보강할 휨강도나 응력이 없는 부실공사이며 반드시 OSB 위에 석고보드 또는 원목내장공사를 해야 한다.

2) 천장 및 지붕단열공사

가) 반자틀 위 천장 단열방법

일반 콘크리트 건축물과 같이 반자틀을 설치하고 반자틀 사이 또는 반자틀 위에 단열재를 깔아 단열하는 방법

천장 단열재 시공

나) 서까래 사이에 인슐레이션 단열재 또는 우레탄폼 단열 등 내부에서 단열하는 방법

다) 지붕 OSB 판재 위에 2*4 또는 2*3 각재를 서까래와 같은 간격으로 부착 후 각재 사이에 단열재를 삽입하고 지붕마감을 하는 방법

- 이와 같이 목조주택의 단열방법은 3가지 정도가 있으며 단열재는 인슐레이션 또는 발포 우레탄폼이 적당하며 스티로폼 단열재는 이음부에 공극으로 인한 열손실 발생 가능성이 있어 목조주택에는 바람직하지 않다.

* 목조주택 내부공사는 반드시 벽체 내부에 OSB 부착하고 그 위에 석고보드 또는 원목 인테리어를 해야 하고 화장실은 방수석고보드 또는 시멘트보드를 사용해야 한다. 실제로 내가 공사한 목조주택은 화장실 내부는 시멘트모드 9㎜를 부착 후 타일공사를 했다.

자. 외부구조물(데크공사)

1) 데크공사의 정의

데크공사란 건축물 외부에 설치하는 마루공사를 말한다. 마루는 받침기둥(동바리) 위에 구조부재를 격자방향으로 설치하여 마루판재를 덮어 시공한 것으로 경량목조주택에서는 건축물의 길이방향으로 한옥에서는 그 반대방향으로 시공한다.

2) 시공순서

가) 먼저 데크 설치할 범위를 지정하고 난간기둥의 위치를 표시하고 주춧돌을 설치하거나 또는 바닥콘크리트를 타설한다.

나) 콘크리트 위에 난간기둥을 설치해도 기둥하단에 습기 접촉을 줄이기 위해 보도블럭 또는 주춧돌을 설치할 필요가 있다.

다) 데크마루 높이는 현관바닥 높이와 같거나 50㎜ 이상 낮게 설정하고 벽체에다 마루돌림대를 데크제 장선목재와 같은 목재를 스크류볼트 또는 안카볼트로 고정한다. 이때 마루돌림과 장선목재는 테두리 목재 상단에서 마루판 두께만큼 낮게 설치한다.

라) 데크난간 기둥은 동바리높이와 마루바닥판 위에서 1200㎜가 되도록 계산해서 세우고 테두리각재를 마루판 상단높이와 같이 설치를 한다.

마) 장선목재를 건물의 단변방향으로 설치하고 멍에각재를 장선목재에 매어달고 동바리는 멍에 높이에 맞추어 절단한 후 단단히 받친다.

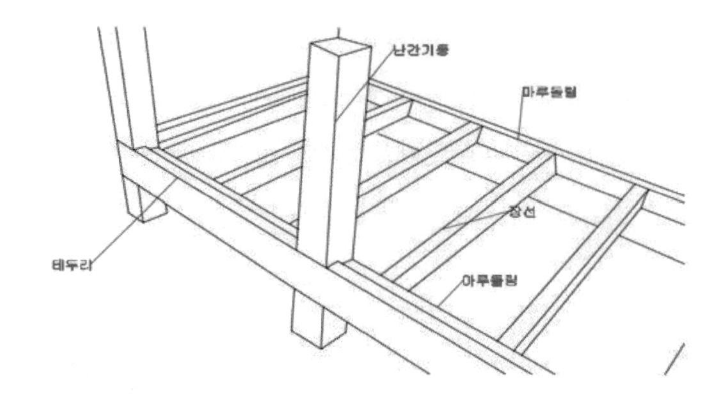

바) 데크재료는 방부목 마루판은 120*3600*21㎜를 주로 사용하며, 테두리는 2*8, 장선은 2*6를 많이 사용하며, 난간 기둥은 4*4, 난간봉은 2*2, 난간 손잡이는 2*6를 사용하며, 난간의 높이는 1200㎜, 난간봉 간격은 150㎜ 이내이어야 한다. 100㎏ 이상의 하중에 견디도록 할 것(이하 건축법).

* 위 그림과 같이 데크마루 넓이가 2m 미만인 때는 장선만 설치하고 난간기둥이 동바리 역할을 하여 시공하고 이때는 장선 부재는 2*6를 사용하며 테두리에 설치되는 동바리와 난간 기둥이 일체화가 되지 않으면 난간 기둥은 2~3년 지나면 비틀림과 흔들림으로 망가진다.

사) 데크마루판 시공

- 마루귀틀은 레일건 또는 망치로 아연못을 박아 시공한다. 일반못을 사용하면 녹이 슬어 목재에 녹물이 벌겋게 묻어 낭패를 볼 수 있다.
- 마루판 시공은 아연피스(나사못)로 시공하되 마루판 양쪽 가장자리에서 중앙으로 두 번째 골에 박는다. 나사못은 일직선이 되어야 하고 마루판은 길이가 짧을 경우 이음매가 어긋나게 해야 한다.

아) 2m 이상 넓은 데크마루 시공

- 데크설치할 범위와 높이를 설정하고 동바리설치 위치를 표시한다.
- 난간기둥과 테두리를 먼저 설치하고 마루 돌림을 테두리 높이에서 마루판 두께를 뺀 높이에 설치하고 마루돌림과 같은 높이로 장선을 설치한다.
- 설치된 장선에 멍에를 90㎝ 간격으로 달아매고 동바리를 90㎝ 간격으로 설치한다.

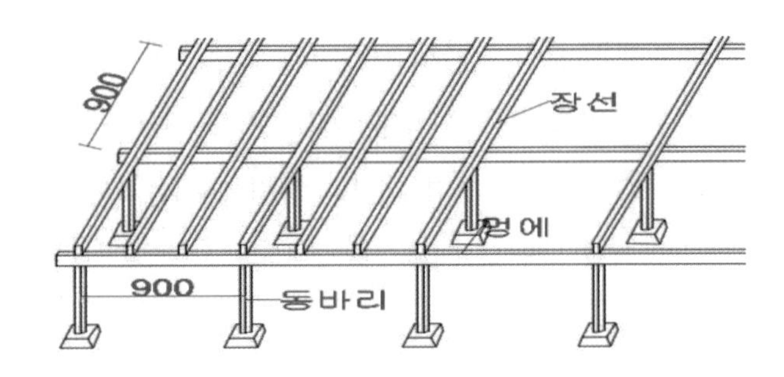

장선과 멍에가 격자로 일체식이 되어 견고한 상태로 유지되므로 재료는 2*4 또는 2*6를 사용하고 2*4를 사용해도 동바리와 멍에가 90㎝ 이내 간격으로 유지되면 문제되지 않는다. 이때도 난간기둥은 동바리와 일체식으로 설치해야 한다. 그렇지 않으면 변형되기 쉽다.

차. 목구조에서 트러스(가쇼)구조

가) 목재, 강재 등의 단재(單材)를 핀, 못, 볼트, 용접 등의 접합으로 세모지게 구성하고, 그 3각형을 연결하여 조립한 뼈대. 각 단재는 축방향력으로 외력과 평형하여 휨·전단력은 생기지 않는다. 형식에 따라서 명칭이 달라지는데 하우트러스 또는 프라트트러스 등의 명칭이 있다.

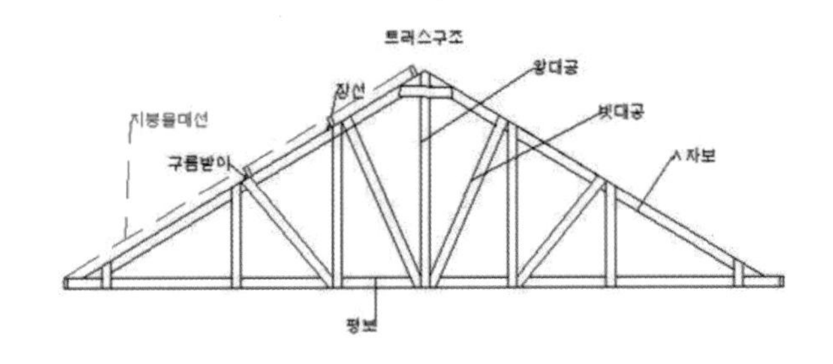

나) 트러스(가쇼)구조의 용도

트러스 구조는 장스팬의 건축물 또는 칸막이가 없고 하나의 실이 큰 공간을 이루는 창고 공장 등에 주로 사용하는 구조로 휨이나 전단력이 0인 구조로 철골조 또는 목구조에 많이 사용한다.

다) 목구조 트러스

목재는 강재와 달리 목재의 길이가 한계가 있지만 덧댐부재를 사용하여 이음으로 장스팬 구조물을 시공할 수도 있으며 불과 20여 년 전만 해도 축사 공장 등 목구조 트러스가 많았으나 최근 목재는 고가이고 강재가 저렴한 가격으로 현재는 강구조 트러스가 많이 사용된다.

라) 시공방법

- 벽구조체 상부도리 위에 수직으로 세워 설치하며 건축물의 단변방향으로 설치되고 벽체 길이방향의 간격은 2m 이내로 하고 설치하면서 버팀대와 가새를 설치해 가며 시공하여 전도방지를 해야 한다.
- 트러스가 설치되고 나면 최상부 장선부재를 900㎜ 이내 간격으로 배치하고 지붕재를 시공한다.
- 아래와 같이 평지붕 또는 경간이 큰 바닥장선 등을 트러스 구조로 사용하는 경우도 있다.

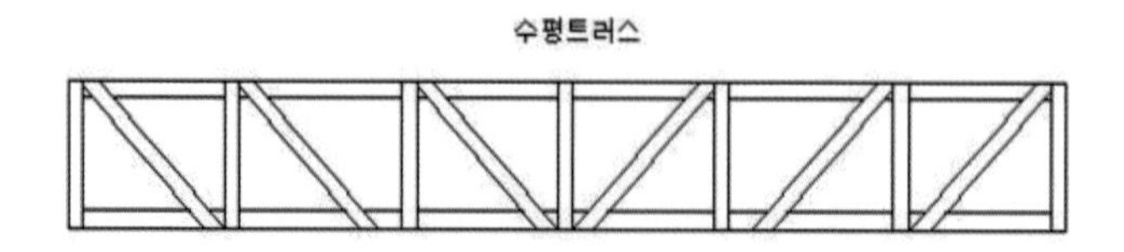

트러스를 현장에서 목수들은 가쇼라고 부르고 있으나 이는 속어이며 우리말로는 절충식지붕틀이라고 한다.

카. 모든 건축물의 기초바닥판 오시공 사례

건축물에서 부정확해도 되는 부분은 단 한 군데도 없다. 일반적으로 형틀목공 및 철근공들이 기초는 땅에 묻히므로 부정확해도 된다고 생각하는 사람들이 많은 것이 사실이다. 그러나 그러한 기초도 지면에서 300㎜ 이상 노출되며 기초바닥의 크기는 건축물 외부 마감재보다 10~20㎜ 작거나 같아야 한다.

1) 기초 바닥판이 건축물 마감재보다 크면 안 되는 이유

가) 기초판 위 방바닥 구조

- 단열재 위 와이어메쉬(온수파이프 고정용)를 깔고 온수파이프를 200㎜ 간격으로 배치하고 온수파이프 상단에 두께 24㎜ 시멘트몰탈시공으로 이루어졌다.
- 단열재는 비드법스티로폼, 압출법스티로폼, 질석단열재, 기포콘크리트 등이 있으나 모두가 다공질로 흡수율이 강한 제품들이다.
- 기초 바닥이 벽체 마감재보다 크게 되면 빗물은 수직으로 떨어지는 것이 아니라 대각선 방향에서 기초바닥과 벽체 틈새 부분으로 수분이 침투하게 되고 다공질인 단열재는 수분을 급격하게 흡수하여 포화상태가 된다.
- 단열재에 흡수된 수분은 빠져 나갈 길이 없어 방바닥 장판 밑으로 올라오게 되어 장판 밑에 물이 고이고 벽지하단부는 곰팡이가 발생하고 세균 번식장이 된다.

2) 기초바닥이 벽체보다 큰 경우 방습조치

가) 콘크리트 구조는 기초 콘크리트 타설 시 지수판을 매립하여 기초판과 벽체 사이 방수조치가 필요하다.

나) 샌드위치 판넬 구조는 철판으로 베이스 찬넬을 절곡하여 바닥에 시공 후 그 위에 유바시공을 하고 샌드위치 판넬 벽체를 세운다.

다) 목구조 역시 샌드위치 판넬구조와 같은 방식으로 방습 방수조치를 해야 한다.

* 모든 건축물 구조체의 기초 바닥판은 벽체 마감재보다 크게 되면 돈으로 막아야 한다는 소리다.

3) 기초라고 해서 정확하지 않으면 중요한 하자의 원인이 된다.

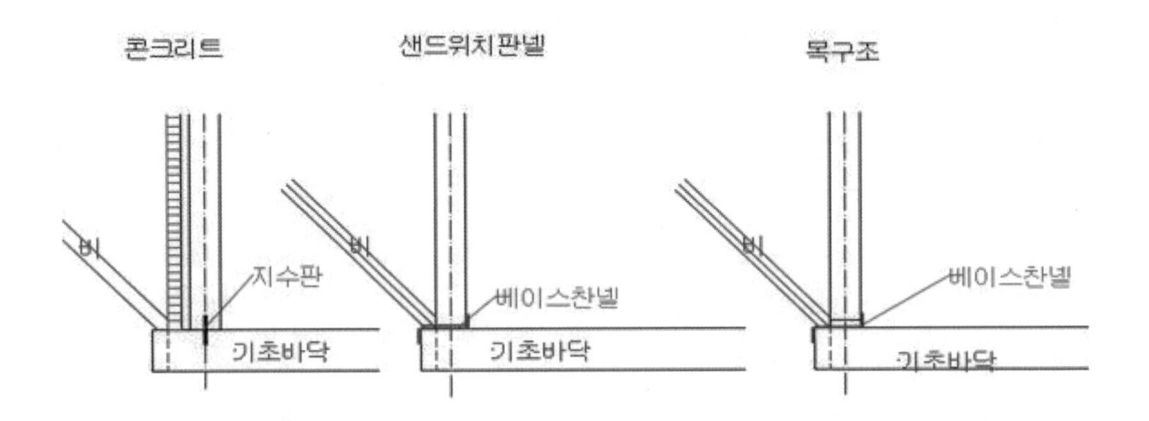

현장에서 작업의 편리를 위해 기초바닥판을 벽체 마감재보다 크게 시공하고 방습 방수조치를 하는 업자는 본 적이 없다.

가) 지수판

콘크리트 구조에서 지하실 바다과 벽체의 이음부에 방수처리용으로 주로 사용하는 것이나 단독주택에서 기초바닥이 벽체 마감재보다 큰 경우 방습 방수조치로 필수적이다.

제12편 목공 인테리어

1 일반 사항

이 시방서 명시 사항 이외의 기타 사항은 건설부 제정 건축 표준시방서에 준한다.

가. 적용 범위

1) 건축물 내부 전반의 목공사는 아래 항을 적용한다.
2) 모든 시공도면은 각 항목의 설치나 사용 전에 제출하여 승인을 받았는지 검사한다.
3) 모든 작업이 승인된 시공도면에 따라 수행되는지 점검한다.
4) 검사처로부터 받은 모든 승인된 견본을 사용 장소 및 형태에 따라 꼬리표를 부착하고 현장 사무실에 비치한다.
5) 현장에 반입된 자재들이 승인된 견본과 동일한 것인지 확인한다.

나. 재료의 종류 및 재질

1) 수급자는 증기 건조목을 사용하여야 하며 전물량에 대해 증기 건조목 여부를 확인할 수 있는 증명을 감독원에게 제시한다.
2) 목재의 결 또는 가공하는 치수에 따라 감독원의 승인을 득한 경우에는 대패질 이외의 마무리를 할 수 있다.

다. 목재

1) 규정된 용도에 따라 종류와 등급을 검사한다.
2) 등급기준에 따라 결함사항을 검사한다.
3) 시방서에 따라 목재의 허용 함수비를 점검한다.
4) 목재는 배수가 양호한 장소에 지면에서 격리시켜 보관하며, 함수비의 증가를 막기 위해 덮개를 씌워야 하며, 비틀림을 방지하기 위해 겹쳐 쌓아야 한다.
5) 미장 모르터가 건조되고, 창과 문 또는 바람막이가 설치되기 전에 목재를 건물 내부로 들여와서는 안 되며, 추운 계절에는 영구적이거나 임시적인 난방 설비가 준비되어야 한다.
6) 공기 중의 오염 또는 손상의 우려가 있는 재료 및 기성 부분은 토분 먹임, 종이 붙임, 널대기, 기타 적당한 방법으로 보양한다. 가공재는 습기, 직사 일광을 받지 않도록 하고 건조상태로 유지한다.
7) 목재는 가공 또는 설치 후 비에 맞지 않게 하고 필요 시 감독원이 지시하는 것은 직사광선을 받지 않게 한다.
8) 대패질의 정도
   가) 치장면은 특기시방에 정한 바가 없을 때는 모두 대패질로 마무리한다.
   나) 대패질의 마무리 정도는 상·중·하의 3종으로 하며 특기시방에 정한 바가 없을 때에는 중을 표준으로 한다.

라. 합판

1) 합판은 라왕 합판으로 KS F 3101 규정에 합격한 것으로 다음 기준에 의한다.
   가) 습기에 노출되는 합판은 2종 합판(준내수합판) 1급으로 한다.
   나) 기타 실내에 사용하는 합판은 3종 합판(비내수합판) 1급으로 한다.
   다) 형상 및 치수는 도면에 의한다.

2) 합판 붙임

가) 벽, 천장 붙임은 나비로 나누어 갖추고 걸레받이 올림 기타와의 접합은 틈서리 턱솔이 없도록 한다.

나) 붙임 처리는 목재 바탕 면에 접착제를 사용하며 부착한다.

다) 종이, 천류의 붙임 바탕이 되는 합판의 못박기 경우에는 녹막이 처리한 못을 사용한다.

라) 판 나누기는 도면에 의거 나누기를 하여 나간다.

3) 합판 및 MDF 규격

① 3*6합판

910㎜*1820㎜*5㎜, 7.5㎜, 8.5㎜, 12㎜, 15㎜

② 4*8합판

1220㎜*2440㎜*3㎜, 4.5㎜, 7.5㎜, 8.5㎜, 12㎜, 15㎜, 18㎜ 등

4) 합판 사용 불가품

① 외부 충격에 의해 상처 입은 것

② 일부라도 부식 또는 오염된 합판

③ 좀먹었거나 옹이 박힌 합판

④ 찢어지거나 파손된 합판

⑤ 중간 부분을 이은 합판

⑥ KS규격품이 아닌 합판

⑦ 기타 감독원이 불합격 판정으로 교체를 요구하는 합판

5) M.D.F(MEDIUM DENSITY FIBERBOARD)

가) 목재 조각을 고온, 고압하에 특수 접착제와 함께 열압 성형한 섬유판(FIBER BOARD)로서 그 비중이 0.4~0.8의 것을 말한다.

나) 규격(4*8 MDF)

1220*2440*3㎜, 6㎜, 9㎜, 15㎜, 18㎜, 25㎜ 등

마. 견본품 및 마감치수

1) 목재 및 마감재는 감독원에게 견본품을 제출하여 재질 및 형상, 색상, 무늬 등에 관하여 승인을 득하며 이는 본 공사의 표본이 된다.
2) 마감치수는 치장재의 목재 단면 표시 치수를 마감치수로 하며 구조재는 다듬어 놓은 치수로 한다.

바. 재료의 보관 및 보양

1) 보관
   가) 구조재 및 수장재는 완전 건조재이므로 비로 손상되지 않게 직접 지면 또는 습기 찬 물체에 접하지 않게 하여야 한다.
   나) 목재의 저장은 오염, 손상, 변색, 썩음, 습기 등을 방지할 수있도록 적재해야 하며 건조가 잘 되게 보관한다.
   다) 목재는 바닥에서 20㎝ 이상 띄워서 보관하고 목재와 목재 사이를 간격재를 끼워서 통풍이 잘 되게 하여야 한다.

2) 보양
   가) 가공재는 습기 일광을 받지 않도록 항시 건조 상태를 유지한다.
   나) 공사 도중 오염, 손상의 우려가 있는 재료 및 시공부분은 종이붙임, 널대기 등 감독원이 지시하는 방법으로 보양한다.

3) 작업 조건
   가) 공사용 장비 및 공, 도구는 하도급자가 부담하며, 이를 관리하여야 하고 이에 따른 안전장치는 감독원, 또는 안전 및 방화관리 감독원의 지시에 따른다.
   나) 항상 화재 방지에 대한 모든 필요한 조치를 취하여야 한다.
   다) 위험한 작업이 많으므로 충분한 안전 시설을 설치하고 모든 작업자 안전 도구를 필히 사

용하여야 한다.

라) 어떠한 경우든 작업여건이 적합치 않을 경우 감독원이 만족하도록 조치를 취하지 않는 상태의 공사진행은 인정되지 않는다.

사. 시공

1) 일반시공 기준

가) 공사를 시공함에 있어 도면에 의거 정확히 시공되어져야 하며 설계자의 의도가 충분히 나타날 수 있게 시공하여야 한다.

나) 어떤 경우든 사전에 충분한 공작도를 제출하여 승인을 득한 후 시공하여야 한다.

다) 모든 기준선 및 수평은 감독원의 확인을 득한 후 시공하여야 한다.

라) 이음 맞춤의 가공 마무리

마) 이음 맞춤 각부의 크기 비례 및 그 마무리에 대하여서는 감독원의 승인을 득하여야 한다.

바) 목재는 시공 후 뒤틀림이나 갈라짐이 없도록 구조재와 완전 고정하여야 한다.

사) 합목을 할 경우는 나비촉 맞춤 방법으로 하며, 나비촉 맞춤의 개소는 담당원의 지시에 따르고 추후 뒤틀림, 갈라짐, 휨 등의 변형이 없어야 한다.

아) 합판 또는 치장재가 손상이 가지 않도록 완전 접착시켜 가공 제작하여야 한다.

자) 목재마감 허용오차

① 부재길이: +1.5㎜

② 부재맞춤(수직, 수평): +0.01㎜

③ 부재각도(36, 40): +0.04㎜

④ 면적 1㎡: +2㎟

2) 표면처리

마감면의 모든 구멍과 균열은 원목 조각으로 채워서 결 방향으로 가볍게 마감처리하여야 한다.

3) 목공사 유의사항

- 목공사는 잘 짜여져 기준선과 수평에 정확히 맞게 되어야 하고 안전한 구조가 되어야 한다.
- 스터드, 중도리, 난간 등은 실공간과 마감내력을 제공하도록 규격지어져야 한다.
- 볼트 등은 부재를 위치에 넣어서 안전히 고정되도록 적당한 크기의 타입과 크기의 것이라야 한다.
- 목재 골조의 모든 못은 끝을 구부려야 하고, 머리가 마감공사에서 노출되어서는 안 된다.

4) 방부처리

가) 적용범위

외부 노출 부위는 특기가 없는 한 다음에 대하여 방부처리를 하여야 한다.

① 구조내력상 주요 부분에 사용되는 목재로서 콘크리트, 벽돌, 돌 등 기타 이와 비슷한 포수성 재질에 접하는 부분

② 목조의 받침기둥을 구성하는 부재의 모든 면

③ 급배수 시설에 근접한 목부로써 감독원이 지시하는 부분

④ 습기 차기 쉬운 모르터 바름, 라스붙임 등의 바탕으로서 감독원이 지시하는 부분

나) 방부재의 재질

① 감독원과 협의하여 다음 방법에 의한다.

② 방부처리한 목재는 인체에 해롭지 않고 금속재를 녹슬지 않게 하는 것으로 한다.

③ 직접 우수에 젖는 곳에 쓰는 방부처리된 목재는 방수성이 있는 것으로 한다.

다) 방부처리 방법

① 가압주입법: 방부액이 든 가압탱크에 목재를 넣어 물리적 압력으로 방부액을 주입하는 법

② 침지법: 방부액이 든 탱크에 목재를 넣어 방부처리하는 법

③ 도포법: 도포는 솔 또는 헝겊으로 하고 뿜칠은 뿜칠기로서 1회 처리한 후, 감독원의 승인을 받아 다음 회의 처리를 한다.

④ 표면탄화법: 목재의 표면을 토치램프를 이용하여 2~3㎜ 두께로 태우는 것

5) 방연처리

- 내장공사에 사용되는 목재의 방연처리 또는 방연목재에 적용한다.
- 방연처리는 목재 방연제에 의한 개설법·침지법·도포법 또는 뿜칠법으로 한다.
- 방연처리한 목재는 사람과 가축에 해롭지 않고 또한 철재를 녹슬지 않게 하는 것으로 한다.
- 목재는 방연처리에 지장이 없는 정도로 건조되어야 하며, 방연처리된 목재는 충분히 건조된 후에 사용한다.
- 페인트칠·바니쉬칠 등으로 마무리하는 목재의 방연재는 감독관과 협의 후 시행한다.

※ 방연 페인트는 방연 페인트를 칠한 후 락카 도장을 해도 이상이 없는 재료라야 한다.

2 벽 설치(가벽 및 칸막이벽)

건축물 내부의 비내력벽(내화벽, 일반벽)을 설치함에 있어서 건식재료(석고 보드, 목재 및 수평 구조물, 수직 구조물)를 사용하여 설치하며, 미장 및 도장공사를 대신할 수 있는 공사에 대하여 적용한다. 현재 에어공구를 사용하고 있어 인테리어용 내장 각재는 라왕, 소송, 미송을 주로 사용하며 각재의 크기는 30*30 각재를 사용한다.

가. 시공 순서

1) 벽 위치 설정

설치할 벽의 위치를 결정하고 레이저 레벨기를 이용해 천장과 바닥에 벽의 중심선을 긋는다. 이때 벽이 수직이 되도록 주의하여야 한다.

가) 경량철골과 달리 목재 가베는 벽틀(Wall)을 제작해서 설치한다.

① 벽틀의 하단 런너를 먹선을 따라 64대타카로 바닥에 ST핀으로 고정한다.

② 바닥먹선에서 수직으로 먹매김한 천정 먹선에 벽틀 상부 런너를 대타카로 천정에 고정한다.

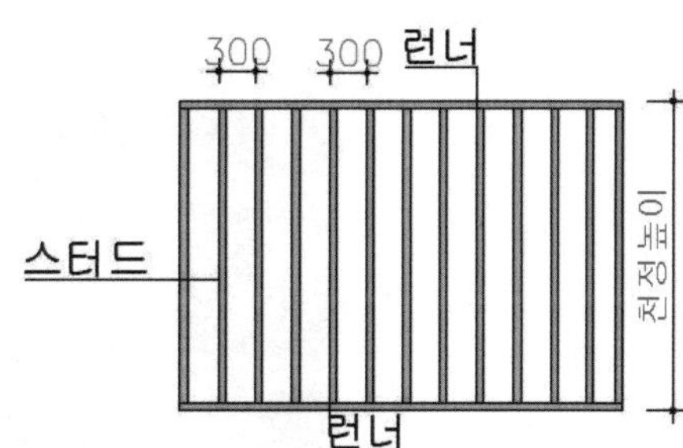

③ 검사공사의 스터드 간격은 중심간 간격을 300㎜로 유지해야 하나 일반 개인공사는 석고보드 규격에 맞추어 450㎜ 간격으로 하

기도 한다.

④ 표면재가 합판인 경우 406㎜ 간격으로도 하나 검사공사는 300㎜를 유지해야 한다.

※ 인테리어용 목재는 서울 강남지역은 라왕각재를 사용하고 수도권은 소송각재를 많이 쓰고 기타지역은 미송각재를 많이 쓴다.

- 라왕: 필리핀, 인도, 인도네시아 등지에서 산출되는데 백나왕·적나왕 등 여러 종류가 있음. 강도는 높지 않고 균질이다. 가공, 세공하기 쉬우므로 기구, 가구, 건축용재 등으로 쓰이며 가격대가 미송의 2배 정도 된다.
- 소송: 러시아산 소나무로 미송보다 백색이며 변형이 적고 가벼우며 목질이 부드러워 내장 공사 각재로 많이 쓰며 미송보다 좀 비싸다.
- 미송: 북아메리카산 소나무로 소송보다 무겁고 옹이가 많고 변형이 잘 되나 가격대가 비싸지 않아 우리나라 남부지방 공사업자들이 많이 사용한다.

벽틀(가베) 시공

⑤ 상부와 하부가 고정된 벽틀이 각재의 휨과 동시에 외력에 의해 흔들림 등 변형이 발생을 방지하기 위해 바닥에서 높이 500㎜ 간격으로 한 칸 건너 한 칸씩 기존 벽면에다 콘크리트 타카로 고정시킨다.

⑥ 이때 상부와 하부 수직면을 맞추기 위해 합판을 100㎜ 정도로 직선으로 재단한 후 한쪽 면에 각재를 부착한 후 규준대를 만든 다음 규준대를 이용해 스터드를 수직이 되게 고정한다.

나. 보드판 붙이기

1) 실의 사용 용도에 따라 5㎜ 합판을 한 벽 부착하고 목공용 205본드를 석고보드 뒷면에 갈지자로 바른 다음 422타카로 석고보드를 부착하는 방법이다. 이 방법은 벽면에 외력이 많이 작용하는 곳에 적용한다.

2) 석고보드를 세로로 각재틀에 422타카로 부착한 뒤 석고보드 뒷면에 205본드를 갈지자로 바른 후 가로로 덧붙여 석고보드 두 겹을 부착하기도 한다. 이 방법은 주로 마감면이 도장마감인 경우다.

3) 각재틀에 석고보드 1겹만 부착하는 경우도 있다. 이런 경우는 도배마감하는 단독주택 등에 적용한다.

4) 석고보드나 7.5㎜ 미만의 합판을 부착 시는 422타카로 부착하는데 타카핀의 간격은 50㎜ 이내 간격으로 한다.

다. 칸막이벽 설치

1) 벽체틀(Wall) 제작

가) 칸막이벽의 제작방법은 가벽(가베) 벽틀제작과 동일한 방법이나 벽의 두께를 적용하여 제작하게 되므로 2*4각재, 30*30각재, 코어합판 18㎜ 등 제작방법이 각기 다르다.

① 2*4 각재를 적용하면 벽체 두께가 100㎜일 경우 임시칸막이를 많이 하는데 이는 목재의 특성상 길이방향이 아닌 좌우로 휨(배부름) 현상이 나타날 수 있어 정밀시공에는

하면 안 된다. 자재값이 비싸나 작업속도가 빠르다.

② 30*30 각재를 사용할 경우 벽체 두께 마감치수를 고려하여 5㎜ 합판을 벽체 두께 적용한 치수 즉 벽체 두께가 120㎜이면 120㎜로 재단 후 판재의 양쪽 가장자리에 205본드를 바른 후 422타카로 30*30 각재를 부착한 다음 벽틀을 제작, 설치한다.

현장 벽틀 설치

※ 좌측 그림과 같이 5㎜ 합판과 30*30 각재로 벽체 두께를 고려한 부재를 제작한 후 벽틀을 제작 설치한다.

※ 좌우방향 휨현상을 방지하고 정밀시공이 요구될 때 사용한다.

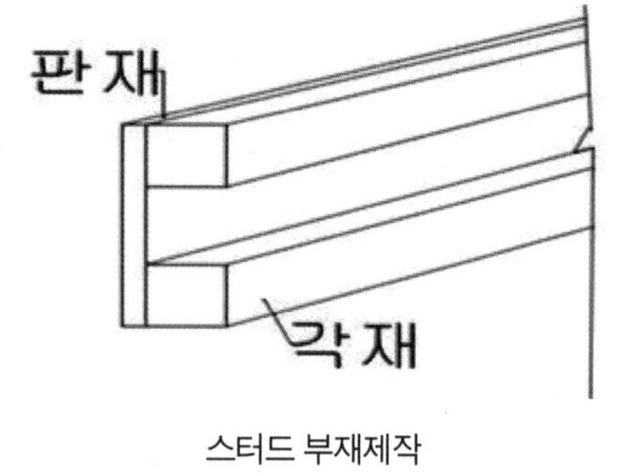

스터드 부재제작

③ 18㎜ 코어합판으로 벽틀제작은 재료는 고가이나 전시장 등 정밀시공이 요구되고 작업의 속도를 요할 시 코어합판을 벽체 두께를 적용하여 재단 후 각재 대신 벽틀을 제작 설치한다.

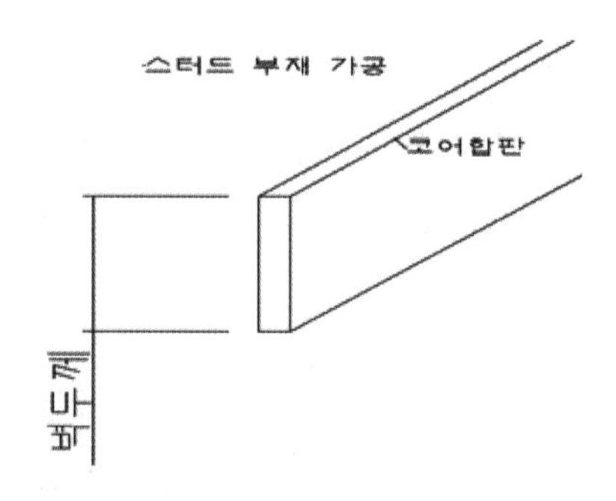

④ 칸막이벽은 양면 표면재를 부착하는데 시공방법은 가벽설치 표면재 부착과 동일하다.

⑤ 사용 용도에 따라 스터드부재 사이에 단열재 또는 흡음재를 넣기도 한다.

⑥ 건축법상 칸막이는 화염의 확산 방지를 위해 슬라브 바닥면까지 시공을 원칙으로 한다.

3 천장(반자) 설치

천장시공은 경량천장이나 목재천장 시공 방법은 동일하다. 최근에는 경량철골 반자틀을 설치하고 M-BAR 대신에 타카바를 설치하고 석고보드 또는 흡음판 설치를 많이 하고 있으며 금속인테리어도 많이 하는 편이다. 그러나 본장에서는 목재틀을 설명코자 한다.

1) 시공순서

① 먹매김: 마감바닥에서 1m 높이에 기준먹(허리먹, 오야먹)을 놓고 먹선을 기준으로 천장높이 및 바닥높이를 결정한다.

② 천장높이가 결정되면 기준먹에서 반자틀 높이를 측정하여 천장높이 먹선을 먹매김한다.

③ 천장 먹선 위로 각재하단이 천장 먹선에 맞도록 30*30 각재로 반자돌림대를 64타카 DT 핀으로 고정한다.

※ 화장실의 경우 타일 두께로 인하여 몰딩시공이 불가하므로 64타카 ST핀으로 반자돌림대를 고정하고 각재 30*30 1개를 DT핀으로 덧대어 시공해야 한다.

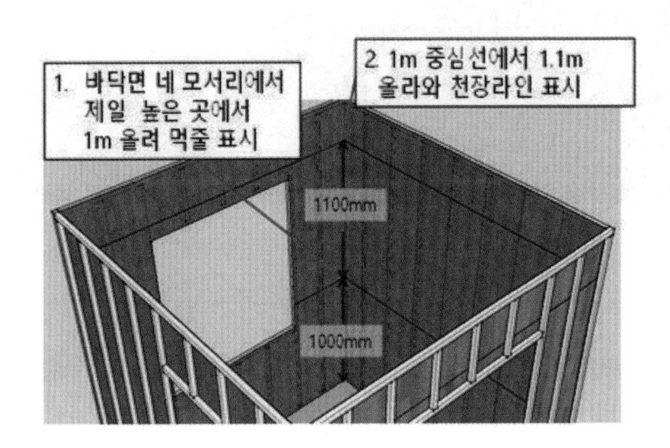

④ 콘크리트 슬라브 하부에 달대받이 30*30 각재를 벽에서 30~40cm 떨어져 콘크리트 타카로 고정하고 그 다음 달대받이는 90cm 간격으로 부착한다.

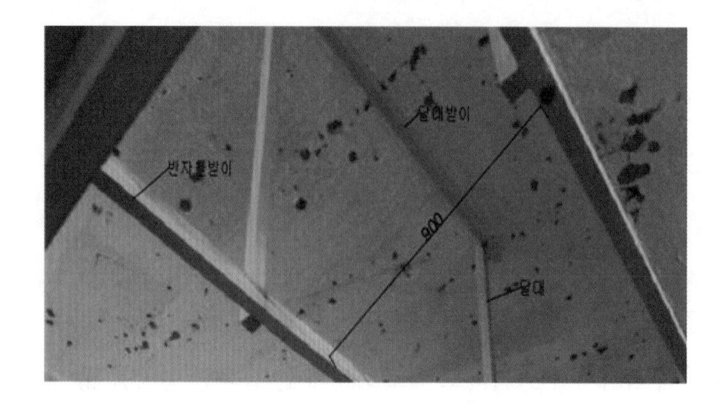

⑤ 달대를 가로 세로 900*900 간격으로 고정시킨 후 반자돌림대 양쪽 상단에 맞추어 달대에 먹매김한다. 이때 반드시 먹줄을 수평으로 하여 먹줄을 친다.

⑥ 달대에 그려진 먹선 위쪽 즉 반자틀받이 30*30 각재 하단이 먹선에 맞도록 하여 64타카 DT핀으로 달대받이를 고정 후 달대받이 밑으로 남은 달대를 톱으로 잘라낸다.

⑦ 반자틀 나누기를 하여 검사 공사는 300mm 간격, 일반 공사는 450mm 간격으로 달대받이에 먹매김 후 먹선에 맞추어 반자틀을 64타카 DT핀으로 고정시킨다.

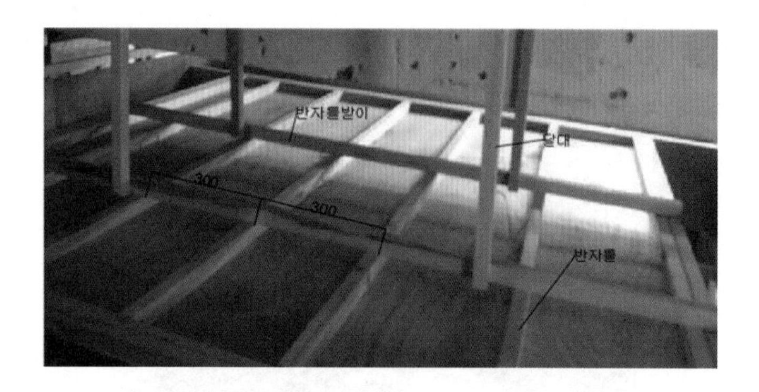

2) 보드 합판 붙이기

가벽 및 칸막이벽 표면재 시공과 동일한 방법으로 5mm 합판 위 석고보드, 석고보드 2겹, 석고보드 1겹 시공 방법이 있다.

※ 벽체시공 석고보드는 주로 3*8(900㎜*2400㎜)으로 시공하고 천장은 3*6(900㎜*1800㎜) 석고보드로 시공한다.

- 일반적으로 천장 높이는 아파트, 빌라는 2,350㎜, 단독주택은 2,500㎜, 학교 및 사무실은 2,500㎜~2,600㎜, 무대장치 위는 4,000㎜으로 한다.

3) 달대 대신 트러스를 이용한 반자시공

트러스를 이용한 반자틀 시공은 아파트나 빌라는 불가능하다. 아파트나 빌라는 천장 속 공간이 100~150㎜로 트러스를 이용한 방법은 불가능하다.

① 트러스 제작은 5㎜ 합판을 250~300㎜ 폭으로 재단한 뒤 판재 양쪽 가장자리에 205본드를 바른 뒤 30*30 각재를 양쪽에 부착하고 마구리부분에도 각재를 부착한다.

② 벽면에 설치된 반자돌림대 위에 제작된 트러스를 고정시키고 옆으로 넘어지지 않게 보강조치한다.

③ 벽면에서 300~400㎜ 떨어져서 트러스를 고정하고 그 다음은 900㎜ 간격으로 트러스를 고정한 뒤 트러스 하단에 300㎜ 간격으로 먹매김을 하고 그 먹선에 맞추어 반자틀 각재를 부착하여 반자를 완성한다.

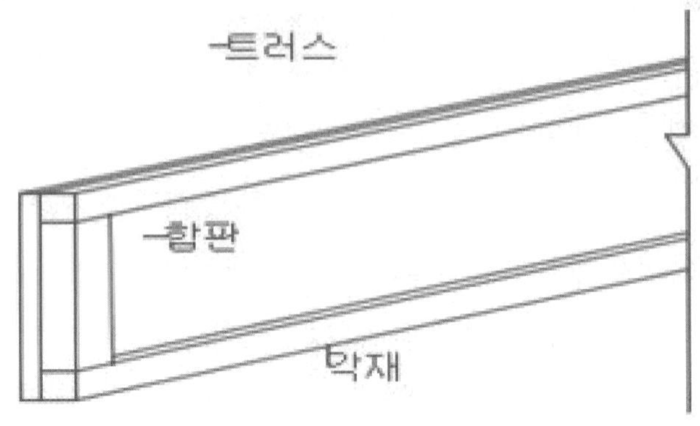

4) 표면재(반자) 시공

가벽 및 칸막이벽 표면재 시공과 동일한 방법으로 5㎜ 합판 위 석고보드, 석고보드 2겹, 석고보드 1겹 시공 방법이 있다.

5) 천정 몰딩시공

몰딩이라 함은 판재 및 마감재 끝단 부분을 보기 좋게 커버시키는 마감재를 말한다. 각도 컷팅기를 이용하여 재단하여 실타카로 고정한다.

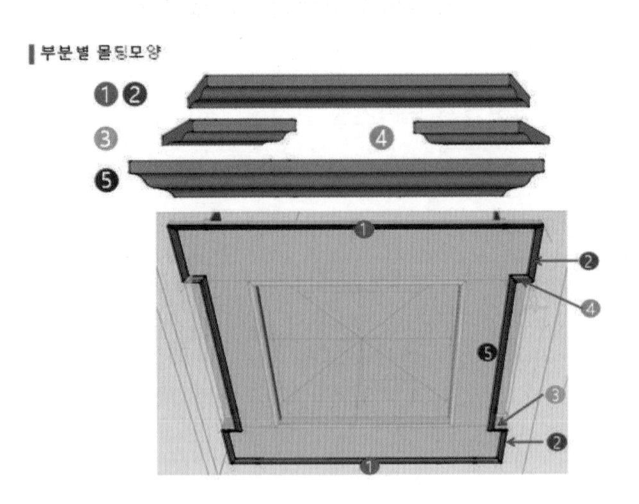

① 몰딩의 재단방법은 컷팅기의 마이터각도를 31.5도에 맞추고 베벨각도를 32도에 맞춘 다음 몰딩재를 각도기 위에 수평으로 놓고 재단한다. 이때 다른 작업자가 각도기의 기계를 다른 각도로 수정하면 안 된다.

② 여러 명이 동시에 각도컷팅기를 공용으로 사용 시는 컷팅기 바닥면이 상부천장면으로 보고 몰딩재를 실제 천장에 붙는 각도로 45도 되게 한 다음 컷팅기 각도를 45도에 맞추고 재단한다.

③ 몰딩의 부착은 천장은 반자가 되어 있고 벽은 대부분 시멘트벽이라 천장면에만 실타카를 고정시킨다.

※ 몰딩자재도 유행에 따라 위에서 말하는 갈매기(크라운) 몰딩 외에도 마이너몰딩, 평몰딩, 계단몰딩 등 다양하게 적용되고 있다.

4 바닥 설치

강당의 단상 또는 초등학교 교실마루, 해장국집 바닥마루 등 실내공사에서 마루시공은 목공인테리어의 일부분이므로 시공방법에 대해 알아본다.

1) 시공순서

① 시공도면 및 설계치수를 근거로 기설치된 기준먹에서 바닥높이를 결정하고 바닥높이를 먹매김한다.

② 바닥높이 먹선에 맞추어 장선설치 각재와 동일한 각재로 각재 상단을 먹선에 맞춘 다음 마루 돌림대를 벽에다 고정한다.

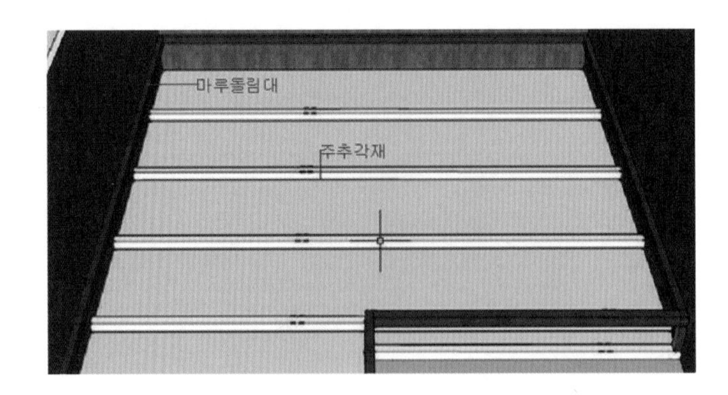

③ 일반적으로 외부 데크마루에서는 주춧돌 동바리 멍에 간격은 900㎜ 이내로 한다. 외부 데크마루는 각재의 크기가 2*4(38*89) 이상일 때의 기준이다.

④ 그러나 실내 마루는 장선각재의 크기에 따라 주추각재 동바리 멍에 간격이 결정된다. 수

도권은 장선각재를 30*60 각재를 쓰고 남부권은 30*45 각재를 많이 쓴다.

⑤ 동바리 멍에 간격은 남부권은 450㎜ 이내 수도권은 600㎜ 이내 간격으로 해야 한다.

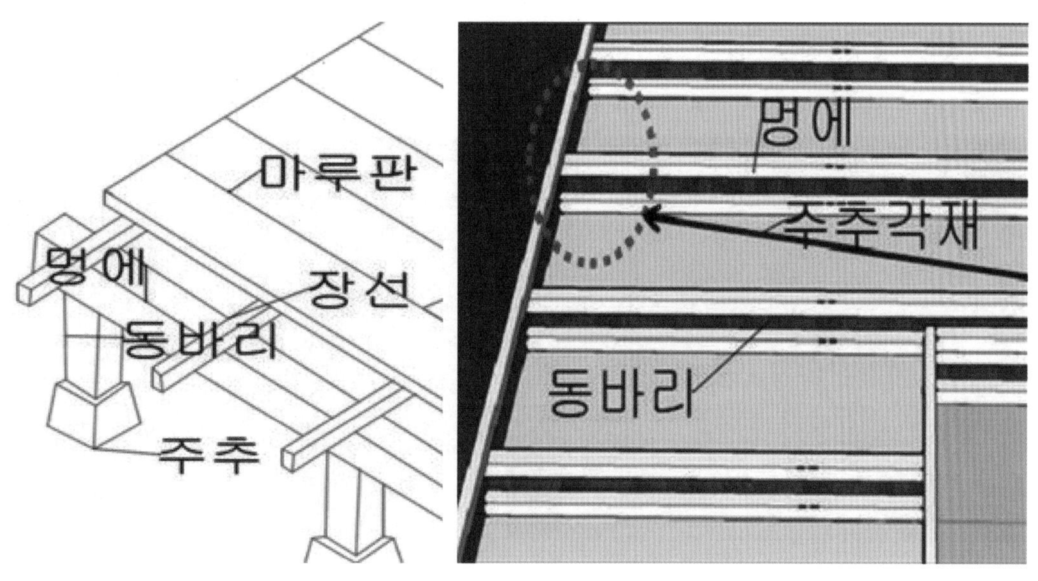

좌측 데크마루와 우측 실내마루 비교

⑥ 데크마루의 동바리를 실내 마루시공에서는 5㎜ 합판으로 대체한다.

⑦ 미리 설치한 주추각재에 205본드칠을 하고 멍에 상단높이보다 15㎜ 정도 낮게 재단한 판재를 422타카로 부착한다.

⑧ 마루돌림 하단높이와 일정하게 본드칠을 한 멍에각재를 합판 상단에 멍에 높이 기준에 맞추어 422타카로 붙여 주추 동바리 멍에를 일체화를 시킨다. 이때 사용되는 각재는 30*30 각재로 해도 문제되지 않는다.

⑨ 멍에각재 위에 마루돌림과 같은 높이로 장선각재를 300㎜ 간격으로 설치한다. 멍에와 장선의 부착은 반드시 90㎜ 이상의 못으로 박는다.

⑩ 마루의 표면재 부착은 12㎜ 이상 내수합판 1겹 시공 후 후로링 마루판 부착 방법과 12㎜ 내수합판 격자로 2겹 시공 후 데코타일 마감 등이 있다.

2) 목공인테리어 적산

목공사에 대한 표준품셈이 있으나 조적, 방수, 미장 등은 품셈으로 인한 수량산출이 정확하나 목공사는 품셈적용과 잘 맞지 않으므로 일반적으로 목공사 업자들이 사용하는 방법으로 적산 재료의 수량산출을 한다.

가) 가벽 재료수량

① 가벽 1㎡당 각재 6m, 판재(석고보드, 합판) 1㎡, 소요 할증률 각재 10% 판재 20% 적용한다.

② 천장 1㎡당 각재 6m, 판재(석고보드, 합판) 1㎡, 소요 할증률 각재 10% 판재 20% 적용한다.

③ 칸막이 1㎡ 각재 5m, 판재(석고보드, 합판) 1㎡, 소요 할증률 각재 10% 판재 20%

④ 바닥 1㎡ 각재 10m, 판재 1㎡, 소요 할증률 각재 10% 판재 15% 적용

※ 일반적으로 목공사 견적은 재료비: 노무비를 1:1로 보면 된다. 이렇게 적용하면 목공사 재료비 노무비 경비(식대, 장비대) 포함된 금액이 된다.

5 목재창호 제작 설치

가. 창호 개요

창호라 함은 건축물의 개구부에 설치되는 출입문과 창문을 말하며 설치 목적은 출입문과 채광, 통풍, 환기 등의 목적으로 설치한다.

나. 창호의 구비조건

1) 창호는 방범기능이 있어야 하므로 잠금장치가 있어야 한다.
2) 창호는 내충격성 및 내구성이 있어야 한다.
3) 창호는 단열 및 차음성이 있어야 한다.
4) 창호는 환기 및 디자인이 좋아야 하고 조작이 편리해야 한다.

다. 기능에 의한 창호의 분류

1) 출입구: 사람이 출입하는 개구부의 도어
2) 창용 창호: 채광 통풍을 위한 창호
3) 구획용 창호: 실의 기능 또는 용도에 의해 구획되는 창호
4) 기타 창호: 특수목적에 쓰이는 창호

라. 창호제작 준비하기

1) 시공도면에 따라 종류별 규격별 부재수량을 파악한다.

2) 준비된 부재를 치수에 맞게 대패질, 마름질한다.

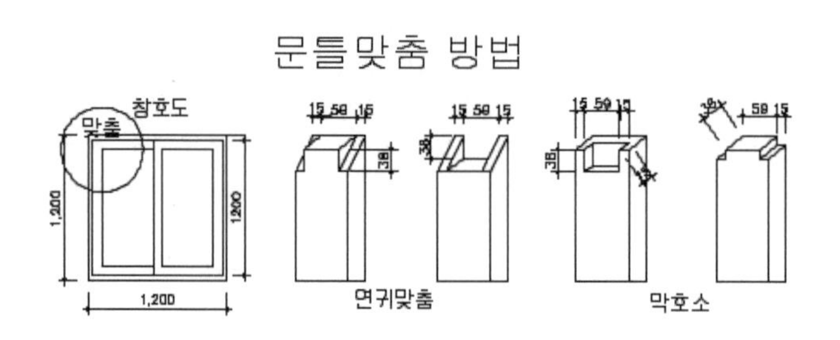

마. 창호기호에 의한 재질

창호기호	재질	창호기호	재질
WW	목재 창	WD	목재 도어
AW	알미늄 창	AD	알미늄 도어
SSW	스텐레스 창	SSD	스텐레스 도어
SW	철재 창	SD	철재 도어
PW	합성수지 창	PD	합성수지 도어

바. 목재창호 제작 설치하기

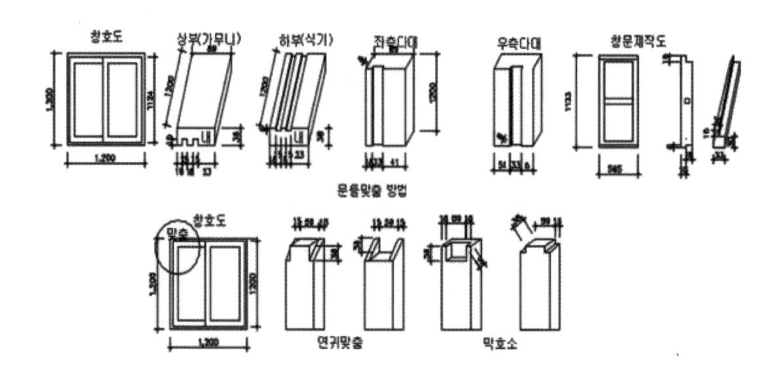

1) 창호재의 선택

일반적으로 문틀 및 창호제작용 목재는 함수율 12% 미만의 라왕목재를 사용한다.

가) 라왕

필리핀, 인도, 인도네시아 등지에서 산출되는데 백나왕·적나왕 등 여러 종류가 있음. 강도는 높지 않고 균질이다. 가공, 세공하기 쉬우므로 기구, 가구, 건축용재 등으로 쓰이며, 천연수지 타마르를 산출함. 나왕이라고도 함. 용뇌향과(龍腦香科)에 속하는 교목, 또는 그 재목, 재목은 견고·균질해 가공이 쉽고 나뭇결이 곧으며 옹이 등의 흠이 적고, 회백색·연붉은색·엷은 갈색의 것과 가벼운 것, 무거운 것이 있다. 구조재·가구재·창호재·수장재·기구재 그리고 합판재에 쓰임. 우리나라에서는 수입목재이며 목재는 가벼운 것을 선택해야 한다.

2) 목재창호

가) 1980년대까지만 해도 대부분의 건축물은 조적식 구조로 거의 100%가 현장에서 문틀을 제작하고 벽돌 쌓기 전에 선시공 방법으로 공사를 했으나 1990년 중반부터 후시공으로 바뀌었으며 2008년경부터 목재창호는 자취를 감추고 있는 것도 사실이다.

나) 내부 목공사 시 종업원 숙소 출입문 또는 상업인테리어에서 에어콘, 갤러리문 등 특수목적의 창호를 건축목공이 현장제작하는 창호도 적지 않다. 또한 접이식 홀딩도어 포켓도어 등도 현장에 맞게 직접제작을 많이 하므로 창호제작은 건축목공의 기술로써 배워야 한다.

3) 목재창호 설치

가) 창호는 수직과 수평이 정확히 맞아야 한다.

나) 레이저 레벨기 또는 다림추 등으로 수직을 맞추고 쐐기로 단단히 고정하고 우레탄폼으로 문틀을 고정한다.

다) 손잡이(실린더)는 문 하단부에서 1,000㎜ 가장자리에서 60㎜가 중심이 되게 하고 직경 57㎜를 천공하고 측면 잠금쇠 부분은 직경 23㎜를 천공하여 손잡이를 설치하는데 반드

시 문을 달아 놓은 상태에서 천공한다.

라) 문을 달 때 문 하단에 500원 동전 하나를 올려놓고 문을 달면 정확히 맞는다.

마) 경첩의 위치는 문 상부에서 150㎜ 이격시키고 경첩을 설치하고 이격거리 150㎜ 두고 경첩 설치하고 문 하단에서 150㎜ 이격시키고 경첩을 설치한다.

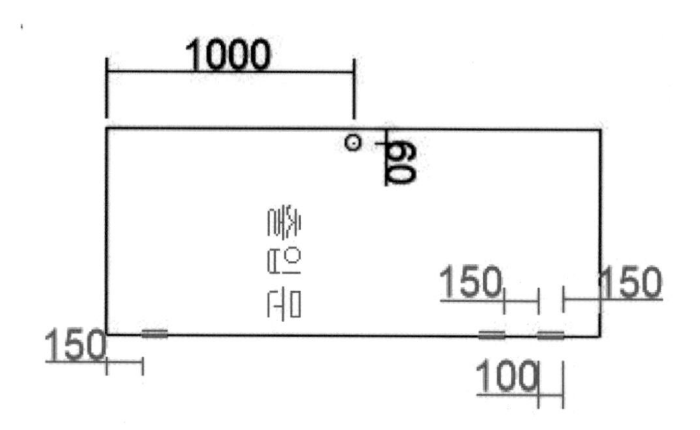

★ 특히 원목문의 경우 무게가 가볍고 목질이 단단한 목재를 사용해야 한다. 무게가 무거우면 경첩 부분에서 하자가 발생하고 목질이 부드러우면 충격에 찌그러지거나 파손이 우려된다.

6 보양 현장정리

보양은 건축공사 중 직접가설공사의 일부분으로 일정 기간 동안 외부의 영향으로부터 보호, 유지하는 것을 말한다.

가. 콘크리트 타설 후 보양

콘크리트 타설 후 급격한 수분 증발로 인한 콘크리트의 소성건조수축에 의한 균열 방지를 위해 비닐 또는 부직포를 덮어 콘크리트를 보호하는 것을 말한다.

나. 석재 또는 타일 바닥 보양

석재나 타일시공 후 후속작업을 하기 위해 합판 또는 비드법 스티로폼을 깔고 작업을 한다든지 아니면 금속구조물 작업 시 쇳가루가 석재나 타일면을 오염시키는 것을 방지하기 위해 천막을 덮는 보호조치를 말한다.

다. 창호설치 후 보양

공장에서 반입되는 대부분의 창호는 시공 과정에서 오염방지를 위해 비닐테이프로 보양조치가 되어 현장에 반입되나 특히 출입문의 경우는 작업자들의 빈번한 출입이 이루어지므로 자재운반 시 충격으로 인한 파손의 우려가 있어 합판 또는 골판지 등으로 문틀을 감싸거나 하는 보양 조치를 말한다.

라. 보양재의 구성 범위

보양재는 크게 내부와 외부로 나누며 구성 범위는 목적과 설치 시기에 따라 달라지며 보양의 범위는 작업내용과 작업기간 등이 비용에 영향을 미치고 보양은 효과적이면서도 비용의 손실이 최소화되도록 고려해야 한다.

마. 보양재의 종류

1) 콘크리트 보양: 포리에치렌필름, 부직포, 차광막, 물
2) 타일, 테라죠, 석재: 합판, 천막, 톱밥, 스티로폼, 골판지 등
3) 기타 재료 보양: 합판, 모래, 왕겨 등으로도 보양한다.

★ 보양재 선택은 보양재의 재질 및 유지관리 또는 자재의 변형과 품질문제를 고려하여 선택하고 신뢰할 수 있는 재료를 선택해야 한다.

바. 현장정리

현장정리는 시공 전, 시공 중, 시공 후 수시로 정리되어야 한다. 현장정리와 안전사고는 밀접한 관계가 있으며 특히 전도사고 등이 대부분 현장 정리 미비로 발생한다. 특히 모공사 시공 후 잔여자재 정리와 재활용 가능한 자재와 폐기물을 분리하여 비용을 최소화해야 한다.

사. 시공완료 후 청소

목공용 본드 등으로 오염된 부분이나 기타 작업 중 오염된 부분을 약품 또는 마른걸레로 깨끗이 청소하고 관리자는 상시적으로 청결상태를 점검해야 한다.

7 검사 하자보수

목공사에 있어서 검사 하자보수는 필수적이라 할 수 있다. 자재 반입 시부터 목재의 규격 및 치수 재질 등을 검수해야 하고 부재의 가공 중에도 치수를 확인하면서 가공해야 한다.

가. 검사장비

줄자, 레이저 레벨기, 수평기, 기타 측량기계 등

나. 검사방법

1) 시공 중
   부재의 가공상태, 설계도 및 공작도와 일치 여부, 부재의 치수 및 시공도와 일치 여부 확인
2) 시공 후
   기준먹에서 마감치수 확인 칸막이 벽 등 위치 확인 보강이 필요한 요소마다 보강상태 확인이 반드시 필요하다.

다. 건축모공의 완성도 확인 및 허용오차

1) 목구조 부재의 길이: ± 1.5㎜ 이내
2) 부재의 맞춤: ± 0.01㎜ 이내

3) 단위 면적: ± 2㎟ 이내

4) 수직 수평 상태: 1m에 1㎜ 이내

라. 검사 체크리스트 작성

1) 검사 전에 체크리스트를 작성하여 빠짐없이 체크한다.
2) 체크리스트는 도면과 시방서를 검토한 뒤 작성한다.
3) 부재의 접합은 건조수축에 의한 수축률을 고려하여 접합 여부를 확인한다.

마. 재작업 여부 결정 및 재작업 계획

1) 검사결과 문제점이 발견되면 재작업 여부를 결정한다.
2) 재작업 역시 시공계획서를 작성 후 그 계획에 따라 재작업한다.
3) 보수 보강작업이 필요한 경우 보수 보강 부위를 결정하고 보수 보강 계획서를 작성 후 그 계획에 따라 보수 보강한다.

필자가 1978년부터 오늘날까지 국내외 건설현장의 중심에서 얻은 풍부한 경험과 지식을 후진양성을 위해 사회에 환원을 하는 차원에서 또한 내가 만나 본 목조주택기술자라는 사람들이 오늘 내가 있게 만든 은인임에는 틀림없다.

그러나 어느 정도 실력이 되는 사람들을 목조주택기술자라고 하는지는 나도 잘 모른다.
나는 그저 목수일 뿐이다. 28년을 목수로 15년을 현장관리자로 일해 오면서 경기 탄현면 일대 농작물 보호를 하기 위해 목재합판거푸집으로 서해안 수심 8m 높이의 백중사리를 막아냈고 남각산저수지 여수토방수로 높이 10m 합벽 옹벽을 목재거푸집으로 콘크리트 1회 타설로 한치의 배부름치수 없이 완벽하게 해냈고 해외현장 목수반장을 거쳐 원주 구학사, 성불사 대웅전을 지었으며 용인 동강사 산신각을 지었고 압구정동 로데오거리 상업인테리어를 해 왔으며 IMF 환란 위기 때 파산을 하고 어려운 시기에 목조주택기술자들이 시공한 데크난간 보수공사, 기초부실공사로 건축물 균열보수공사, 지붕마감 부실시공으로 누수문제 해결 등으로 내가 재기할 수 있는 발판을 마련해 준 게 목조주택기술자들이다.

그들이 있어 보수공사를 하다 보니 내가 아니면 집을 짓지 않는다는 예비건축주들의 요청에 양평 서종면 일대, 충주직동, 충남서산, 보성 득량면 등 목조주택을 시공하게 되면서 특히 목구조는 기술력에 따라 품질저하 여부가 결정되고 목재의 변형으로 소리가 난다든지 건축물이 변형되고 사용자가 불안에 떨게 된다. 그동안 일해 온 경험을 바탕으로 조금이나마 부실공사를 줄여 예비 건축주들과 현장관리자 및 후진 양성을 위해 이 글을 쓰게 되었다

NCS 건축목공

목조주택 시공가이드

개정판 1쇄 발행 2021년 9월 1일

지은이 배영수
펴낸이 이기봉
편집 좋은땅 편집팀
펴낸곳 도서출판 좋은땅
주소 서울 마포구 성지길 25 보광빌딩 2층
전화 02)374-8616~7
팩스 02)374-8614
이메일 gworldbook@naver.com
홈페이지 www.g-world.co.kr

ISBN 979-11-388-0170-6 (03540)